U0136666

豪宅學

Tips on Designing LUXURY HOUSE

V.3 藝術陳設學

Arts & Decorations

張清平

CP CHANG

結合西方深厚的空間素養及中國文化底蘊的古典元素形成東方當代設計，以追求極致質感與細節的設計手法，及以人為本的核心價值，創造獨特的心奢華—Montage（蒙太奇）美學風格，忠實反應空間與使用者的內涵，將人與空間的價值形於外，賦予不一樣的體驗與感動，為華人豪宅設計開創新（心）視野。

不只為台灣首次榮獲德國紅點設計大獎，最高獎項「紅點金獎（best of the best）榮耀的設計師，也是台灣唯一連續11次入選為「英國，安德馬丁室內設計年度大獎」華人50強、全球100大頂尖設計師。身為華人設計工作者，不遺餘力地向世界講述著東方的故事，並堅持將本土化特色融入設計中，實現古代智能現代化，西方設計中國化，達到中西合璧國際化的目標。

經歷

天坊室內計劃創始人 & 總設計師
台灣室內設計專技協會 第九任理事長
中國陳設藝術專業委員會（中國陳設委）副主任委員
台灣逢甲大學建築學院 副教授
中國美術學院藝術設計研究院 客座教授
深圳市創想公益基金會 理事
樂樂書屋創辦人

著作

奢華 Luxury
龍的 DNA The Dragon's DNA
清平調 C.P. Style

得獎

英國安德馬丁國際室內設計大獎
英國 SBID 國際設計大獎
德國紅點設計大獎 Best of the Best
德國 iF 設計大獎
美國 IDEA 工業設計大獎
美國 Interior Design " Hall of Fame" 名人堂
美國 IDA 國際設計大獎
法國雙面神國際設計大獎
義大利 A'Design Award Competition
亞太設計雙年大獎
日本 JCD 商空大賞 BEST100
韓國 K-Design Award & Prize 金獎
香港 Perspective 透視大獎

Contents

自序

藝品生活心悅神宜

室內設計和裝潢提供空間功能性的美感，而藝術品味則是身分地位和學識涵養的象徵，藝術品的陳設裝飾為空間所帶來價值，不僅提高空間美學質感，更創造獨一無二的藝術空間氛圍。

藝術品和空間的關係很微妙，再好的藝術品若是沒有擺放適當的位置，就無法突顯藝術品的氣質，設計師在規劃平面時就要置入藝術陳設的思考，一般設計流程是先將硬體設計完成後，再以畫作填補空白處，但這樣藝術品與空間往往無法相互輝映，想要將兩者完美融合，必須先思考如何去敘述整個空間故事，因此藝術品陳設必須在前端規劃時一併考量。

當然，空間不見得要擺放藝術品才能展現它的價值，但藝術品的確有畫龍點睛的效果，端看如何應用，有些屋主有自己的藝術蒐藏嗜好，喜歡去欣賞、去品味，從藝術品中找到自己的故事和回憶，而藝術品是要讓人看起來愉悅，不是讓人家恐懼不安的，設計師的職責就是要讓藝術品為空間加分而不是扣分。我常說「生活即藝術，藝術即生活」有時候換個角度思考，不必拘泥在藝術品實質上的形式，而將藝術即生活概念融入空間去思考。

當一個非常極簡而沒有任何藝術品陳設的空間，在空間運用光影折射出的光氛也是一種藝術；傢具只要挑選得宜，運用得當，讓它和空間產生感動人心的關係也可以成為空間藝術；或者滿足五感知覺加入音樂及嗅覺藝術，置入香氛設計、增添植物自然的氣息也都是不同藝術層面的展現。而空間最重要的「人」也是空間裡的流動藝術，設計師的設計要讓居住者的氣質與空間相得益彰，將人與人、人和空間之間的關係做一個整合，就是我們所講「生活即藝術，藝術即生活」的概念，也是展現空間藝術的最高境界。

CHAPTER

1

蒙太奇美學

蒙太奇設計美學

蒙太奇（Mantage）是一種電影拍攝的慣用手法，但為什麼會將蒙太奇與空間結合呢？其實電影也是運用各種不同手法在空間裡敘述故事，室內設計也是。這跟室內設計常聽到的「混搭」不同，有些設計師會宣稱自己的設計是混搭，當再繼續追究背後設計概念，大部分的人都答不出所以然。當然，這也可以是一種風格，但卻缺乏中心思想和理念，因此這裡用蒙太奇的電影手法和混搭做一個釐清。

蒙太奇是設計手法

蒙太奇不是風格而是一種手法，是用一種隱喻的方法展現空間表情，或者用借鏡的方式去安排空間的立體感、層次感，這些都是蒙太奇的表現方式。蒙太奇手法可以舉一反三，比如說，主牆在空間裡並不會是一道既定的牆面，它可能是一道電視牆，一面書牆等等，再透過適當的安排創造在空間裡面的層次，讓人從不同視角觀看，可以發現每一個空間、每一道牆面，都有它互存互依的關係存在，而不是全憑個人喜好任意安排，毫無章法的空間布局。

蒙太奇創造感動場景

設計師太過於以自我為中心，一意孤行的依照著自己的想法去設計，這樣的結果可能會產生不協調的視覺衝突，是不可能達到 1 加 1 等於 2 或者大於 3 的效果。在進行室內設計時尤其是豪宅，不但希望居住者能長居久安，同時會被所創造的場景或者設計細節所感動，進而提升往後的居住品質。依多年設計豪宅的經驗，大部分屋主並非第一次裝修，他們會希望每次創造的新空間能與眾不同，甚至和以往有所差異，更期待設計師引領他們進入另一個空間層次，而運用蒙太奇的設計手法，就能展演截然不同的空間表現。

蒙太奇敘述居住者故事

運用蒙太奇的設計手法進行豪宅空間設計時，會置入所謂故事敘述，用講故事的方式去創作空間的每個角落，讓屋主感覺空間裡有一層意義存在，因此，挖掘屋主的故事是設計師很重要的事。留意每次與屋主言談間的隻字片語或者肢態神情傳遞出的訊息，接下來就要思考如何將故事放大並轉譯成空間場景。這裡要提醒的是，豪宅雖然有寬闊的空間，卻不見得要將每一個空間尺度做到滿，設計師可以運用手法、氣氛對空間有所取捨，這樣反而能創造更深層的意境層次。

蒙太奇創造與時俱進空間

正如先前說，蒙太奇不是某種特定風格，或者某種型態，它是一種表現手法，這種手法會跟隨當前時尚潮流去調整，以色彩為例，蒙太奇也會因著現在流行注入不同色彩，像是莫蘭迪色、自然植物色或者海洋色彩等等。蒙太奇沒辦法自己去產生一種環境或者空間的流行，卻能將任何元素透過蒙太奇手法讓空間與時俱進，隨時代演譯不同的空間樣貌。

敘事設計－去、存、解、思

實現心豪宅絕對不是只有設計師單方面的想法，很多人住進飯店時不約而同都有這樣的感受，剛進去時會因著新穎華美的房間覺得興奮，但幾天之後會開始對這些裝潢無感，甚至覺得枯燥無味，因為飯店只是給旅人暫住的地方，空間裡面毫無故事和情感可言，自然讓人無法久待。很多屋主搬進制式設計的空間之後，就像感覺好像住進飯店裡冷冰冰的感覺，雖然華麗但卻沒有任何連結。所以在設計豪宅時，除了留意空間基礎功能，讓空間可以相互結合，比如客廳和娛樂室、餐廳和廚房等，就能透過適切的整合創造更多空間的可能性外。更重要是在將這些空間整合起來之前，先停下來聽聽屋主講述的一些故事，一些記憶，或者一些想要做而沒達成的事情，再將它們轉換成為喚醒回憶的引子，設計在空間裡讓他們去感受，這樣的空間自然會變得非常有情感。

敘事設計就是要去挖掘屋主生活的故事，再將故事、想法呼應蒙太奇的手法轉換成空間的一部分，讓他能去回應生活值得回憶的片段，或者滿足生活的想像。在運用這些手法時，設計師要先建立一些概念，才能盡善盡美地透過空間傳遞出居住價值。首先以自身專業「去」除、篩檢過於不切實際的想法，保「存」空間的價值和精神；突破屋主固著的既定概念，紮實做好創意設計的前置基本功夫，「解」開過程中可能產生的疑惑，最重要的是更深層的去「思」考居住的義意和本質。

這些都是真正進入設計核心重要的過程，需要經驗的累積養成，才能有絕對的自信和豪宅屋主應對。但要如何培養自己的眼界層次、藝術涵養？最好的方法還是唯有多聽、多看、多做，除此之外就是和天賦有關，創意設計需要一些與生俱來的敏銳度和美感，如果自覺完全沒有天賦倒不如專注在自己的強項，並且把它發揮到極致比較重要。世界上不會再有第二個米開朗基羅出現，設計師絕對不是萬能而且沒必要，空間是死的，裝修出來的表象是要被賦予情感的，才能夠和人產生互動，也才能與生活有所連結，這樣的豪宅空間才能真正打中屋主的心。

「去」慾望無窮 去除繁瑣

面對豪宅屋主各式各樣又千變萬化的想法，設計師不只要沈著有主見，更要小心翼翼對應，如果一昧順應屋主的想法，無限的堆疊，或許達到表像上的協調，卻可能懷抱著背離設計初衷的遺憾，最終呈現的不見得是理想的居住空間。設計師對應豪宅屋主的挑戰是，要能以專業態度去說服要求減法，去除一些不必要的設計，溝通的過程中雖然屋主不見得都喜歡，卻要帶著能將他們的生活質感再提升的信心去給予建議。設計師拿出自身的專業與自信去說服屋主，釐清「想要」和「需要」之間的差別，進一步將想要的東西去蕪存菁，讓它成為簡單而且具有記憶符號的方式存在於空間。

「存」發掘價值 留存於心

對高端族群來說，物質層面幾乎垂手可得，在去除不必要的想望之後，如何篩選適合屋主真正需要的是「存」的表象，更深一層探討的是，如何從屋主身上延續其精神並保存於空間之中。每個人都有他存在世界的價值和意義，而每個人的獨特之處都與其他人大不同，身為設計師應該要懂得去挖掘，並保存與之相關的事物在空間裡面，整體呈現出來的空間才會有屬於屋主自己的味道或者風格，而不是為了討喜而一昧的去做無義意的模仿。

然而，再好的設計沒有辨法付諸實踐一切都等於零，但要怎麼落實對屋主來說是好的設計於空間呢？這不只要不斷地討論溝通，還要進一步拿出說服的本領，當然，說服高端屋主絕對不是一件容易的事，不只要靠經驗還要有熱忱，從中不斷找出答案扭轉他們根深蒂固的想法，然後提供最佳的建議方案，目的是要取得他們的認同感，唯有透過具有邏輯的說服，被賦予信任的設計師才能讓設計案順利進行。

「解」揮灑專業 撫心解惑

「解」可以說是「解迷」、「解惑」，人與人之間的相處，第一眼很重要，屋主和設計師之間也不例外，這所謂的第一眼不是端看外表的美醜或者衣著的優劣，而是設計師流露出的專業度是不是足以讓人信任。

人的肢體語言是騙不了人的，一位設計師的專業會從言談、表情眼神和動作之間不經意地突顯出來，因此設計師在對應豪宅屋主時要拿出應有的自信，取得屋主的信任才能化解原有固著的想法，將價值非凡的豪宅放心交託設計。

另外，不要用實驗的心態將屋主當成白老鼠。突破性的創意都需要大膽假設，再經由不斷的嘗試才會擦出火花，因此，對設計師來說很多設計都可能是第一次嘗試，在正式著手進行在這些昂貴的工程之前，必須先實際製作模型去揣摩演練，打燈光模擬或者進行打樣，確定沒有問題再實際操作，這些都是不能忽略的基本的動作，對設計來說是一種自我負責的態度，不但能確保最終呈現的結果，也較容易對應屋主解釋設計過程中可能產生的疑慮。

「思」居安思義 由表及裡

設計豪宅時設計師要引導屋主好好思考，所居住房子的對自身的價值是什麼？難道生活就只能這個樣子嗎？還有沒有不同的生活方式？在討論空間的美感風格之外，更多時候要去留心居住本質這件事情。有一些屋主覺得房子很大，要用很多大理石才能彰顯氣派，或者許多華美的裝飾才能展現尊貴，但這些東西帶來的意義又是什麼？有時候並不是錢花的多就代表東西好，要透過設計賦予空間故事和情感才能體現出它的價值感。設計師在與屋主討論空間時，要激發他們對生活有更多的想法，協助開拓思考從沒想到的層面，在產生更多思考衝擊的同時，就能創造更多的生活價值，整個居住空間才會有不同的意義存在。

CHAPTER

2

蒙太奇品味學

奢華美的陳設關鍵

進行室內設計時大致會從兩個方向開始著手，有些設計師以硬體優先，先將硬裝設計完成，再找適合的軟裝來搭配，有些則從軟裝思考，在規劃硬裝的同時就考量軟裝與整體空間的關係。硬裝像是生活的場景，而軟裝則是它的故事內容，雖然這兩者規劃的優先順序並沒有絕對的好壞與對錯，但在做豪宅設計時候，若能先想好內容再進行設計，則更能體現空間的靈動力。

每個人對於美感都有自己獨到品味，但畢竟空間是為屋主打造，因此在深入了解他們的喜好風格之後再給予最終的建議並引導，設計師在空間陳設要發揮對於美感的感官知覺，若是有能更深層體現屋主意義的搭配物件或者布料顏色，請務必想辦法提出證據去説服。設計師在專業面要稍加堅持自己的主觀，透過溝通讓屋主理解陳設的必要，這樣空間作品才能更為完整。

有些豪宅屋主本身就有很高的美學涵養，同時也有藝術蒐藏嗜好，要尊重他們的想法，因為那些蘊含人生哲理的作品，展現屋主鮮為人知感受生活樂趣的層面，同時反應體驗人生的生活態度，即便不是主流定義的藝術品，但對他們來說都具有存在的意義價值，而設計師也更能從中找到講述空間故事的內容。設計師要做的工作只有，想辨法將作品最美的一面呈現出來，俗話說，人要衣裝，佛要金裝，畫要框裝，意謂著透過適當的襯托，無論是畫作、藝品、紀念物，藉由設計師的美感重新審視，去調整它的框架背景以及擺放位置，讓整體呈現出來的調性更為加分。

當豪宅屋主有配置藝術畫作的需求時，設計師要從長計議，思考未來作品變換更動的可能性，才能保有空間新鮮感和藝術價值，因此不但要依照擺放位置、尺度、色調、質感來挑選作品，同時也要規劃專門的藏畫空間，讓屋主因應不同聚會需求、季節及心境調整替換蒐藏。

軟裝和硬裝在室內設計的比重應該相同，有些業主希望展現更大器的空間感，在這樣的情況下軟裝和硬裝比重甚至要調整至 6：4，但裝飾性的東西比例如果高達 7、8 成，就容易讓空間看起來像樣品屋，豐富的裝飾藝品刺激了視覺感官，生活實用性卻略顯不足。因此軟裝和硬裝互為表裡，相輔相成，一位好的豪宅設計師應該揉合理性和感性，深入了解客戶細膩掌握需求，展現最佳的整合能力，使整體空間畫面呈現完美的平衡。

◆

氛圍美學
營造人文

光可以說是決定空間質感非常重要的因素，透過燈光配置可以賦予空間不同的表情，規劃時就應思考期望為業主創造什麼樣的生活氛圍，並根據需求來規劃燈光在空間想要展現的氣質。光在不同空間情境有各自的任務，或為閱讀、或為表現藝術、或為營造氛圍。在豪宅空間，除了功能性燈光，還需透過裝飾性燈光來展現空間肌理質感，像近來一直被討論的低調奢華氛圍，就是應用對比式的燈光設計利用明度反差打造出來的。燈光是營造氣氛的關鍵，所謂氣氛就是一種放鬆的感覺，適時適地提供能傳遞舒適氛圍的一盞燈，讓人有安全感那就是最好的氛圍。

然而，燈光是一門專業的學問，涉及的層面很廣，些微差距都足以改變空間樣貌，對室內設計師而言，揉合自然光與空間的關係是首要之務，但在入夜後，妥善的運用光源規劃延續氛圍也是必然之事，在設計以人為本的理念下，要細膩講究燈光與家庭成員、空間需求、尺度及明亮度之間的平衡，燈具燈飾需和室內設計相輔相成，以呈現最適切生活的光感氛圍。

華美光氛 烘托韻味

居家燈光設計中，必須同時思考自然光線與人工照明的關係，來滿足基本使用功能與進階照明需求，因此燈光模式更為複雜，應該以各式各樣的照明形式相互搭配，讓實質功能與美學氣氛皆能兼備。豪宅居家燈光更著重氛圍，即使是單純的牆面，只要運用不同的照明手法像是陣列，交錯等，就能呈現高端氣息。表現肌理質感及展示藝術品的光源也是規劃豪宅燈光重要的一環，善用燈光設計能為精心打造的材質肌理與價值不斐的藝術畫作大大加分。

藝術燈飾 賞心悅目

燈飾除了具有照明功能外，還有其賞心悅目的裝飾藝術性，一件設計良好燈飾本身就是值得欣賞藝術品，此時燈就不只著重機能，而是延續風格與設計品味的重要元素。既然燈光有其藝術價值，設計師就要讓它在空間展演美妙姿態，依空間需求去搭配適合形式的燈飾——吊燈能建立視覺焦點，立燈能延伸線條，長壁燈則增添結構感，透過豐富的燈飾造型成就空間張力。挑選燈飾和挑選藝術品一樣，第一眼直覺非常重要，回應先前所提，燈光設計須與空間概念呼應，設計師要判斷燈飾形態和散發出的光線，是否能回應空間同時與人有所互動，賦予生活更多元且豐富的想像。

洗牆暈光 揉入東方人文美學

整體空間運用豐富的材質及細膩手法，凝聚當代美學風格與東西方藝術精神，燈光的表現在於材質的展現及高端族群對於文化與空間機能的追求與嚮往。位於地下樓的休憩娛樂空間同時規劃了視聽室及品酒區，因此燈光要滿足影音功能，同時營造出休閒與品味的空間氛圍，吧枱區燈帶設計多作為情境光源的表現，採用線性洗牆暈光手法將間接光打在立面之上，不僅強化石材表面的特殊肌理紋理，更呈現高端場域的氣息，藉由泛光效果流動至地面，小範圍界定機能範圍，大面積表現場域的輪廓。屋主有蒐藏藝術品的嗜好，將展示櫃光源置於層板下方，讓光線由下而上穿透其中襯托藝術品質地，並發散出雍容雅緻的低調韻味。局部照明光源皆選用較柔和的2700K色溫，以達到空間光源的一致協調性。

裝飾光源 凝聚居家溫馨暖意

空間以回歸簡單、自由的理念將東方藝術深藏其中，運用質樸溫暖的材質呈現空間本質，表現一種淬靜的質感，同時反應屋主深層的內在心境。白天善用自然光引光入室，格柵造型設計讓引入室內的日光在空間變化出光影線條。窗緣的落地立燈及檯燈為裝飾性光源，當入夜後，主燈源或戶外光源較為昏暗，當有氛圍需求時僅開啟裝飾燈，可以變換出另一種空間的表情；透過燈具位置及光線也可界定空間場域及增加視覺的層次感。落地立燈以均分陣列方式置放，與建築格柵造型及原有建築窗立桿相互呼應，散發出一種幽靜的美感。燈光作為室內裝飾及氛圍的催化劑，2700K 色溫可以給人溫暖、放鬆的感覺，選用點狀光源，可以降低空間建材及燈光之間的相互反射感，減緩視覺壓力，營造愜意、享受的氛圍　。

情境光源 幽微光氛高雅奢華

臥室裝修最重要就是要打造寧靜沉穩的睡眠環境，照明更是給予舒適休憩環境的關鍵，現代奢華調性的主臥房，捨棄主燈運用裝飾性的燈光來形塑帶有情境的空間，同時突顯軟裝布置的效果。兼具照明與裝飾的床頭燈，選擇亮度較低，色溫柔和的黃光，概念上只需滿足基本閱讀功能，主要以增加入夜氛圍營造休息的身心狀態為主，讓人進入臥室後能快速進入放鬆的情緒。地面所裝設水霧型壁爐也屬於次要情境光源之一，輕柔的水霧以黃光投影照射，讓裊裊上升的霧氣，轉換為炙熱的火焰從地面竄出，所創造火焰效果令人信以為真，火焰自然的形態與天花懸吊金色樹枝藝術品相互呼應，周圍牆面再以具有反射性的材質隱隱約約延伸光線，呈現華麗奇幻的空間情景。

♦ ♦

層次美學
奢華細節

所謂陳設就是空間內可以移動的設計，而傢具可以說是空間內最重要的裝飾物件，從工業設計的角度來看，一件好的傢具在滿足使用功能之餘同時要具備優雅的造型美感，讓它擺放時就有如同藝術品般存在，為空間增添迷人的姿態。傢具搭配和屋主個性有一定的關係，大多數年紀較長的豪宅屋主喜歡工整的配置，每個空間都要遵循傳統規範，明確的以中軸線為中心對稱式的左右配置傢具，我們從中式建築屋型和廳堂設計就可以看得出來，講究的對稱形式無形之中形成和諧隆重的氣氛，呈現出名門貴族的大器風範。

然而，新世代的豪宅屋主對於工整的傢具擺放方式並不能全然接受，希望可以突破空間限制，穿插一些能產生樂趣的詼諧設計，豪宅因為空間尺度夠大，正可以滿足這樣的想像需求，因此擺放方式可以更為自由無拘，不必局限在陳套配置的框架裡，同時藉由傢具擺放重新定義空間的使用功能，比如偌大的客廳或許只擺 2 張主人單椅、一張大地毯，並且搭配搶眼的藝術品或雕塑品，完全釋放空間傳遞留白的詩意魅力，而原本應該在客廳進行的接待工作，則可以改由書房或者廚房吧枱等其他空間進行，也藉由漸進式的轉折動線賦予豪宅氣勢。

有捨有得 合理浪費

不妨重新想像豪宅空間與傢具之間的關係，配置方式可以跳脱框架，以更大器方式來展演，將圖書館、美術館或者展覽館等空間概念置入，不必局限在制式的規範裡面，千萬不能為了填滿空間而擺放傢具，這樣就毫無生活感可言，而是一種被奴役式的設計。因此傢具尺寸要對應空間比例來選擇，先從大型傢具優先考量形塑主要視覺，再適度的置入其他次要傢具，將空間感釋放出來，畢竟人才是真正生活的主角。

閱覽空間 界定區域

在為空間創造更多的可能性的同時，傢具擺放式仍要有一定的合理性，同時也不能忽略行走動線的流暢度，才能保有居住空間的舒適，開放式公共空間的配置原則要依據客廳的形狀及尺度而定，透過主體性較高的傢具像是沙發、書桌、餐桌及吧枱等，將原本動線通透開放的空間型態，細分出功能性空間的獨立性並且增加實用功能。擺放傢具當然可以多種組合，但仍要著重比例和協調感，配置時以傢具的顏色質感、高矮大小來進行合理的搭配，以主人的視角出發形塑出具有和諧感的居住空間。

借景成畫 遠近層次相映成趣

擁有20坪尺度的豪宅臥室，以舒適性及視覺感受為首要考量，除了單純的睡眠需求以外，需要完備的配置規劃，避免出現大而無用的現象，並增加一些單椅、壁爐等裝飾作用的傢具配置，以免因為過於空洞造成不安全感。將空間視需求規劃出寢臥區、起居區、閱讀區、更衣化妝區及衛浴，整體性的規劃兼具了生活隱私，功能與享受。臥房使用成員較為單純，考量行走動線之餘也要留心端景營造，空間以進入臥房的主動線為軸心左右配置傢具，在底端臨窗處放置一對單椅作為視覺焦點，右側以弧形沙發圍塑出起居空間，圓形長毛地毯與桌上式壁爐的黑鐵材質，呈現帶點雅痞個性的奢華，這裡同時與寢臥區彼此借景相互融合，偏向個性化的風格設計，傢具材質與一致性的色調展現豪奢大器的空間美感。

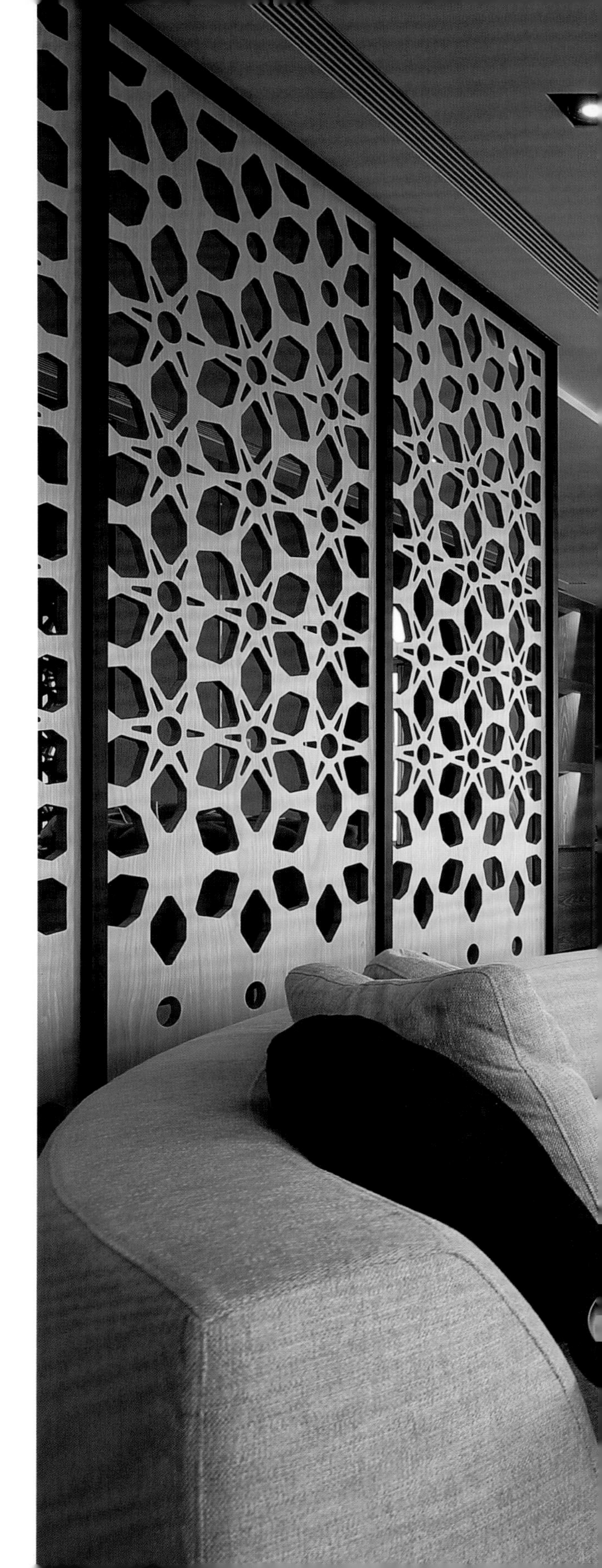

ORHAN
PAMUK

臥榻坐椅 坐臥自在隨心寫意

融入當代東方寫意與現代時尚元素的空間，結合藝術人文與豐富機能，如同藝術品般由內而外雕琢出優雅的新美學風格。根據男女主人不同的使用要求，單獨規劃私人會客、起居空間，形成一個與主體空間脫離的功能性單元，保有自身的獨立性避免生活相互間的干擾。空間以固定臥榻為主軸，採放射狀的手法傢具配置，呈現看似規則但卻帶著隨興的視覺感受，呼應臥榻給人的休閒感，固定式的個人躺臥沙發嵌入架高地板，形成使用行為的互動關係，當有聚會時可自在地坐於架高地板，不必拘泥於傢具形式，表現出自在愜意的享受生活。中央搭配高低錯落的圓形茶几，既能固定也可拆分，使用上更為機動靈活，皮革單椅在功能和美感上扮演必然的角色，成為主人獨處沉思時最重要的親密伙伴。

主軸沙發 扶手單椅相互對話

從整體空間的布置上，客廳傢具最能對外展現豪宅氣質及氣勢，以現代低奢風格為概念的空間，在傢具與材質之間展現輕重與大器，一張居中擺放的大型絨質沙發為客廳落下重心，具有份量的高背扶手椅成為空間的點睛之筆也宣示主人的地位，主人椅的位置不但能遙望窗外遠景，面對沙發的擺放方式，有利於主人和客人之間的談話交流。客廳及書房採半開放設計，配置傢具時以廊道動線軸線為擺放重心，也因此延伸彼此空間的視覺景深，層次也更加循序分明。選擇傢具時特別著重尺寸與空間之間的比例，過大會顯得過於擁擠，太小則會使空間感覺鬆散空洞，挑選傢具以空間扣除主要動線尺寸再縮小10%左右，適當留白創造優雅的生活情境。

經典單椅 界定空間凝聚焦點

為了展現豪宅的雍容大度，採用開放式設計打造出格局寬闊的公共區域，讓開闊視野營造恢弘氣勢，窗外景色也得以延伸進室內，要在同一個空間置入不同功能，傢具的配置布局在大尺度空間就顯得格外重要，是定位空間的重要靈魂。在適度留白的空間概念下，想要讓居住者可以隨著生活的脈絡隨心自在調配空間，增加空間和生活互動對話的多元可能，就利用不同性質的傢具配比呈現空間的主副之分，同時界定區域功能讓空間相互交疊，使用者也能在不同生活情境下彼此串聯交流。整體空間以簡約純粹的質感傢具打造現代時尚風格，同時選擇設計師 Charles Ray Eames 躺椅置入其中，跨越時代的經典設計賦予空間不言而喻的大器風範。

♦ ♦ ♦

意境美學
大美不言

從整體空間的佔比來看，布織品在空間陳設佔據的分量比我們想像的要大很多，不能忽略其重要性，要有如打點空間的衣著般要非常用心去搭配，不然就像穿了整套名牌西裝卻配了一雙不相襯的襪子，整體的協調性就大打折扣。

布織品運用的靈活度高，是能夠隨著心情、季節或主題更換軟裝布置的物件，且能讓空間充滿戲劇性的變化，布織品與空間使用者的生活習慣及體驗是更為貼近，從家中的布置就能體現出空間屋主的個性與品味。在面對豪宅屋主時，透過屋主的生活品味、衣著打扮、興趣習慣去解構其個人風格，再以設計師的經驗運用織品體現在空間。

而植栽或花藝則能賦予空間靈魂，它的美感如同一幅畫，只要能盡情展現自然造物者所賦予的優雅姿態，即便只是一朵花，為整體空間注入的藝術價值就截然不同。但植物需要花費心思悉心照料，如果願意在空間裡擺放自然植物，表示屋主個性柔軟且具有同理心，懂得享受照護植物所帶來愉悅及樂趣。

突破心防 膽大心細

準備布置布織品前，先決定大面積的織品主軸，再利用其他織品輔助，織品之間的色調圖紋相互關聯，才能達成完美的和諧度。搭配布織品時除了選擇屋主接受度高的圖紋之外，不妨可預留一些可以嘗試改變的地方，給予不同的驚喜想像，大膽配置圖紋強烈的窗簾或者壁紙，能突顯屋主性格的空間調性，也是一種創造趣味性的表現，在為空間注入鮮明風格的布織品時，仍要留意整體質感，適當留下可以呼吸的空間才能突顯特色亮點。

花藝植栽 綻放生命

近年將花藝植栽融入居家空間蔚為風潮，顯示人類無法脱離親近自然的本性，花藝植栽也是最能為空間注入生氣的布置利器，在家中植入綠色植栽一定要順應植栽的特性，順其自然生長的型態給予適合的生長環境，並且從形態挑選富有美感線條的植物呼應空間，能讓空間產生層次感，也增添些許綠意與新意。花卉自然多變的色彩和姿態，可以說是空間設計的點睛之筆，無論駐足於過渡角落或是靜待在轉角都能製造愉悦的驚喜，忙碌的豪宅屋主可藉由與花藝設計師的配合，省去照顧和整理的時間，同時享受花卉融入美好生活環境的渴求。

當代雕塑 個性鮮明寓意深遠

豪宅設計不僅講究風格品味，藝術品在空間的陳設與搭配更能描繪出優雅姿態，處處精緻化的宅邸透過藝術品提升非凡價值，也創造生活閒趣。位居頂樓的豪宅以簡約線條描繪現代低奢風格，依據空間尺度、光影及色彩風格選擇藝術品，在過度空間利用大型雕塑傳達靈動的藝術之美，居住者穿梭其中產生愉悦的互動，空間尺度雖然寬闊，透過精心布局讓每個角落都有異常驚喜。沉穩幽微的氛圍令人感覺內斂靜心，置入象徵平安純潔的白馬從暗色調的背景突顯出來，更強調在空間內的視覺張力，前景搭配剔透水晶石透過光影折射散發出閃閃光芒，亦有增添財富的象徵意涵，穿透的視覺使空間設計與藝術品相互輝映。

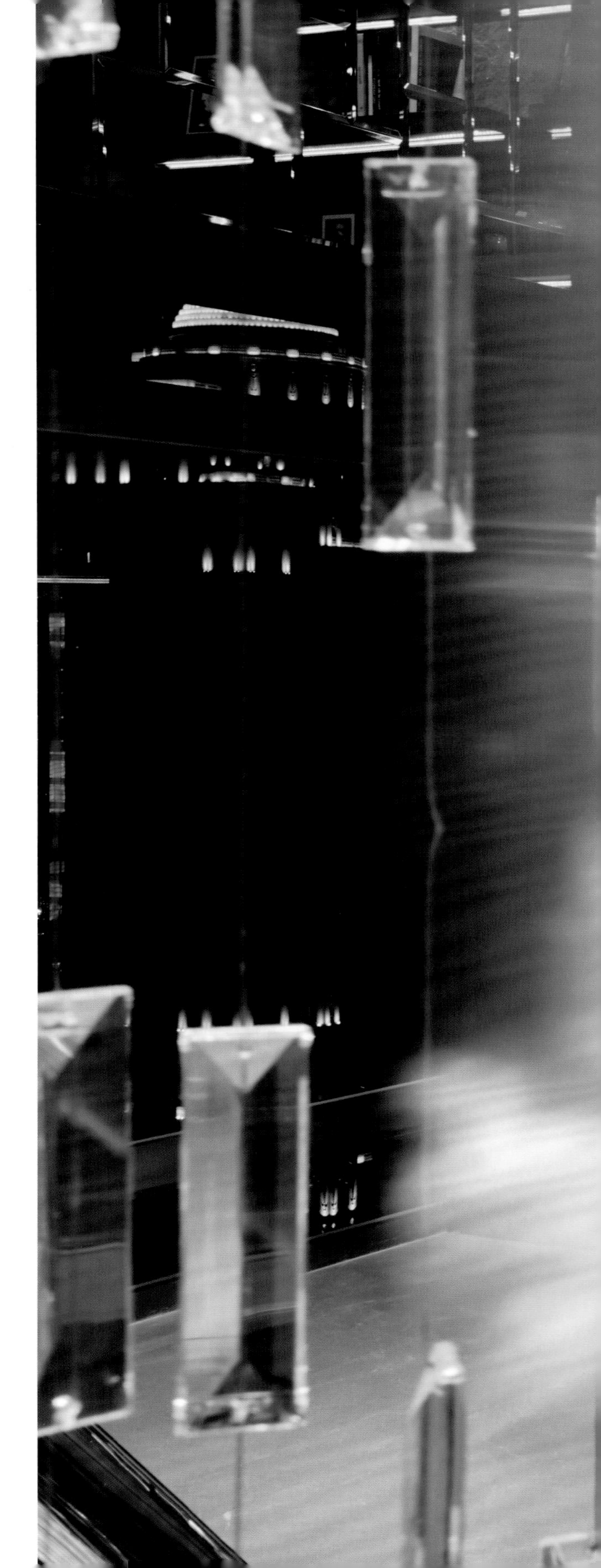

藝術畫作 主題明確相得益彰

現今豪宅餐廳已躍升為接待賓客的重點設計區域，功能層面包羅了各式奢華享受的規劃，軟裝更要對應生活需求也要展演美感氛圍。主牆上的大型畫作可以說是整個餐廳的主軸，不但畫作本身突顯屋主性格，同時也是空間端景焦點，並延伸當中的色彩及線條元素作為室內設計靈感，傢具及主牆背景色彩同樣呼應畫作色彩，以暖色灰鋪陳出寧靜優雅的氛圍。餐廳布局以主牆作為中軸採用對稱形式的配置手法，後方井然有序的紅酒展示牆，在光氛的配合下儼然成為最美的襯托背景，中央置入長型餐桌滿足屋主宴客聚餐需求，每位用餐人士均能欣賞到主人的精心作品，提升了用餐與品酒情調，餐桌上的植栽在理性的灰色調中帶來令人愉悅的鮮活氣息。

織品植栽 異國風情營造意境

屋主期待將度假氛圍帶入沐浴時光，因此將構成峇里島的元素注入空間，由於當地崇尚大自然大多採用天然材質布置空間，這裡運用深色實木與淺色調交互運用，搭配質樸手感的材質及綿麻織品等，並導入充足的自然光線，SPA泡澡池特搭配海洋色馬賽克鋪底，增添置身海洋般的湛藍印象。軟裝布置呼應空間風格將戶外綠意帶入，植栽是最不能缺少的要素，以白水木盆景當前景橫向伸展的姿態拉長景深，更提升了大自然的悠然氣氛。當地用來防蚊的布幔也是特色之一，中景以拉高懸掛手法處理白色布幔營造輕柔飄逸的浪漫氣息，彷彿置身海邊涼風徐徐吹來的愜意，後方以洗台與浴缸設備呈現空間軟性與硬材質層次，當中再以香氛蠟燭做為連結景深的最佳配角。

♦ ♦ ♦ ♦

色彩美學
素樸華美

絕大多數的設計師習慣使用中性色來鋪陳空間，也就是近似大自然的色彩，像是駝色系、杏仁色系等等，其中米白色系是最常使用的顏色，這些都是安全不出錯的色彩但卻缺乏獨特個性。「安全」的顏色給人心理上的安定感，使用在空間中不容易失敗出錯，不過對設計師來說，如果想將空間當作一件展現創意的作品，不妨用創新思維採用一些大膽的色彩，不但對自己是項挑戰，也能讓屋主跳脫對空間既定觀點，空間也會更加有趣味。慢慢大膽嘗試不同的色彩，掌握度就會愈來愈精準。再次強調，設計師是為屋主打造空間，一定要理解了對方喜好，利用色彩的調性和創意去提升屋主對空間的期待，這是最重要的事。

色彩和燈光是在室內陳設手法中相對較為平價的元素，只要稍微變換就能呈現截然不同的嶄新空間風貌。這裡的「平價」指得不是價格便宜，而是設計師可藉由過往累積的經驗和技巧加上審美觀，能用最簡單的元素呈現最好的效果。但質感是膚觸上的感受體驗，這不是用漆就能輕易呈現，但現在有特殊漆料可演繹痕跡、紋理等，傳遞像是日本侘寂美學那種追求不完美的質地之美，藉以提升空間的藝術層級。

掌握比例 點睛之美

顏色在空間的比例很微妙，但顏色比例是什麼？喜歡灰色難道就不能加入別的顏色嗎？當決定了空間主色調，次要配色的比例就不能過高才能創造焦點。比如說屋主喜歡黑白，那麼黑色佔80%、白色佔20%，就能創造非常強烈的空間感，反過來亦然，黑色佔10%、白色佔90%，空間則顯得簡潔俐落。調配空間色彩比例的時候，套用空間配色的黃金比例6:3:1，用佔比最大的牆壁帶出空間調性，再與傢具傢飾和地坪色調和搭配，基本上一個空間不超過3個主色，但這也並非絕對，只要精準掌握顏色比例同樣能描繪出色的空間個性。

微調色階 美感和諧

顏色之間要相互襯托才能突顯出各自的美感，好比古銅色搭配黑色就是天作之合，但一般人最忌諱採用對比配色，就拿色紅色和綠色來說，如果用莫蘭迪色系去調配這2個顏色，不同明度的綠和紅相互搭配就顯得優雅柔美，就色彩學來說，沒有絕對不能相搭的顏色，問題不是顏色本身，而是搭配時要適時調整明度、彩度和比例，然後與材質、傢具協調出一致性的色彩調性，再增添花藝及藝術品畫作雕琢出空間的細膩質感。

材質色調 紋理美感雍容華貴

衛浴雖然並非最受矚目的空間，但卻是可以從細節處看到屋主生活層次及個性品味的地方，而大理石是最受高端住宅喜愛的材料，豐富的天然紋理、淺色或者深色等色調皆能散發出雍容氛圍。強調奢華風格的衛浴，並未用繁複的裝飾來展現華麗，而是運用大理石、木質等材質和黑、白、金顏色來表現，黑色穩重、白色純淨、金色奢華，3種不同個性的顏色交織出高貴氣質。整體以明亮的白色突顯衛浴應有的明亮潔淨，同時分別在壁面及盥洗檯面選擇黑白2種大理石紋搭配，利用不同維度立面創造更為豐富的層次感。黑色則重點式的以線條勾勒鏡面邊緣，與對比的白色描繪大方不失穩重質感，帶著金屬光澤的金色吊燈有著畫龍點睛的效果，加乘了奢華穩重的豪宅氣勢。

衝突色調 師法自然獨一品味

簡約的空間線條裡擺放美式與工業感的傢具，讓鮮明的軟件與寂靜氛圍融為一體，打造出現代奢華的空間調性。雖然空間偏向美式與工業的混搭風格，但卻又希望視覺上產生更多想像畫面，因此空間色調以自然礦物為主題，連綿灰色調譜出詩意的基底，再運用多元色彩的堆疊創造空間故事性及時間感。整體以擷取大自然的色彩概念作為創意，想像穹蒼的天光、泥土的濕潤、礦石的沉寂等色調，都是以人的舒適感為主而不過度刺激的自然色，鋪陳出平實與安靜的氛圍，安穩的基底色後再大膽的利用跳躍性的紅、藍、綠等色彩，重點性的使用於軟裝與飾品上創造出彩度上的反差，最後輕點植栽的綠意，提供空間裡濕潤香氣，沒有過多複雜的色彩以達到空間主題色調的品味。

黑白對比 幾何造形平衡視覺

著重放鬆休憩的臥室空間，需要靜謐、溫暖的環境，合理的配色更有利於睡眠氛圍營造。以星辰作為臥房色彩主題，鋪陳經典的黑白灰，傳遞夜空給人優雅、神秘又安靜的感覺，同時展現時尚雅痞的風範。運用室內設計配色黃金比例原則，並維持 3 種顏色，佔比最大的牆面採用白色作為主色，較深沉的黑色和灰色則適當的運用在抱枕、披毯巧妙平衡整體色感，讓臥房不會過於冰冷。白色空間固然給人潔淨簡約的感覺，但著重生活品質、喜歡多變風格的屋主，希望把房間打造得更有設計感，同時避免時間久了造成單調、乏味的感覺，因此在以現代風格為主軸的空間給予幾何造型點綴，三角的對稱結構紋理隱約呈現於背牆，平穩的協調了空間視覺，看似簡單的房間其實饒富趣味。

CHAPTER

3

蒙太奇風格學

奢華美的風格法則

蒙太奇的設計手法是變化空間風格常運用的方式，如何將不同時空融合在同一個空間，那就要巧妙的微調每個空間元素，才能跳脫既有的風格框架，呈現耳目一新的空間樣貌。

古典講究的是一種對稱的奢華，觀看所有古典設計的配置，無論是建築還是平面，皆是以中軸線為基準，在軸線左右兩側採用絕對對稱的設計，從歐洲教堂建築就可以明白古典對稱的精神，因此要先理解古典風格的設計原則才能創造所謂的奢華。相同的，西方優雅、東方人文的表述，都是擷取每一種風格特點帶來的感受，我們要去思考，為什麼這些風格能經歷長久時間而不褪流行，繼續被人欣賞，這其中有它與眾不同的地方。

打破風格再融合的關鍵在於風格基本原則的掌握，並運用蒙太奇的設計手法就能夠體現這樣的空間氛圍，透過剪輯、拼貼或者隱喻，讓空間看起來有東方、西方或者現代的感覺，除了選擇色調上會有些區別，擺設傢具時也要遵循不同風格的擺放習性。在這樣的空間作品中往往蘊含著「東方蒙太奇」的設計哲學，不僅要達到「讓外國人看了覺得很東方，中國人看了覺得很西方」的氛圍之外，也讓成熟的人覺得很懷舊，年輕人覺得很時尚，這是一種華洋共處的融合，也是新舊的交融，同時在懷舊的古典裡看見現代時尚。

時尚雖然是一種流行的東西，卻也是當代最重要的一件事情，不管是音樂、藝術、服裝等，都與時尚脫離不了關係，但運用的時候不要一股腦把當今時尚元素全部加入，這樣年長者就看不到所謂的懷舊，又失去東西方平衡的感覺，所以說蒙太奇是一種風格觀點的融合。

風格越簡約設計越困難，簡約裡面還要表達設計感和實用價值，甚至表達人與人，人與空間，人與環境的關係，相較之下設計已經有固定模式的古典風格要簡單的多。我們看現代藝術或設計，要用極簡的方式詮釋設計，比例的收放非常重要，孰輕孰重、孰急孰緩，正如現代建築師密斯・凡德羅所說「少即是多」，設計越是簡約越是要注重比例細節。

當代設計則多了一點創意在裡面，當代就一種傳達個人當下思維理念的現在進行式，正因為如此，風格呈現上更要有所突破。當代風格不同於古典風格有既定的規則可循，但要運用當代思維打造古典風格就要增添一些藝術性，蒙太奇手法創造了一種可循的設計方向，讓設計師操作跨域風格能更游刃有餘。

古典對稱的奢華

起源於歐洲皇室宮廷的古典風格，重視空間的裝飾線條與比例拿捏，並在感性的藝術思維中以理性觀點建立嚴謹對稱的設計精神，從格局、裝飾到傢具的對稱形式，為空間帶來平衡和諧的秩序感，賦予莊重優雅的豪宅氣勢，細節處以線板勾勒堆疊層次，繁複華美的圖騰工序，將古典美學的精髓演繹極致。

古典風格只是一個統稱名詞，若嚴謹地以年代區分可分為文藝復興、巴洛克、洛可可、新古典主義與ArtDeco等風格，每個時期都有各自的風格特色及對美的詮釋，真要講究單一年代的表現，必須對當時期的文化藝術有深入的研究與精準的掌握，同時具備美感素養才能打造華而不俗的古典空間。展現大器雍容的空間感是古典風格在豪宅描繪的重點，入口玄關及廊道以古典式的門斗打造漸進式動線的設計，達到延展景深開闊視覺的效果，同時作為連結空間重要的過渡區域。

具有歷史背景的古典風格延續到現代，空間表現上仍要遵循對稱原則及比例，若沒有縱觀全局整合整體格局，僅以華麗的材質、細節繁瑣的傢具堆砌而成，只是空有表象毫無靈魂，且跟隨時代演化，必須以更簡約的方式展現契合當代精神的古典風華。

傢飾織品妝點空間姿態。傢飾織品在古典風格扮演著描繪細節的重要角色，延續古典風格的特色，無論作工或者圖紋都相當繁複華麗，傢飾與織品的質感及花卉圖紋是決定品味的關鍵，挑選上一定要特別留心與空間的關係，搭配得宜才能營造豐富奢華的視覺。

水晶燈飾凝聚光影層次。燈光是烘托空間氛圍的重要元素，水晶燈飾更是古典風格不可或缺的主角，透過光影的折射，閃爍的水晶輝映出空間的華麗感，而演進至今，現代古典風格在配置壁燈時線條造型可以簡潔但仍要講究對稱，才能保有古典風格的根本精神。

傢具布置展現空間氣勢。除了強調嚴謹對稱的空間格局比例，同樣要藉由沙發、餐桌椅等傢具帶出層次，傳統古典風格空間感較為嚴肅，現代古典風格就不需太過於拘泥形式，利用傢具造型、線條及擺放方式表現穩重大器，並留意整體空間的協調感，呈現較為時尚的古典氣息。

材質與色彩表現典雅氣息。材質決定古典風格的華麗程度，像是大理石、金銀箔、鏡面與金屬等元素，都是能表現出雍容華美氣息的材質。傳統古典風格色彩較為濃郁成熟，選擇較為鮮明明亮的顏色則能營造出較為現代感空間氛圍。

細節處堅持完美對稱的古典風格，長廊成列壁燈展現皇室宮廷氣勢，廊道在盡頭端景設計形成自然的景深。

現代古典的優雅

空間以濃郁的歐式古典風格為主軸，設計追求心靈層次上的自然歸屬感，給人一種劃時代的藝術氣息。整體設計嚴格掌握古典風格原則，擷取數個世紀，傳統古典精髓裡的美感與線條雕琢打造。布局上以中軸線的對稱形式，打造出恢宏氣勢，宛如宮廷的廊道，序列燈飾照映層層造型門拱，留下光影堆疊出金碧輝煌的浪漫印象。在細膩雕琢的大廳細節上鋪陳優雅清新的色彩，輔以華麗絨質織品搭配，傳遞出典雅中帶華麗的氣質。配合挑高建築的氣勢，建構展現大器與機能兼備的空間，運用雅緻又強烈的視覺設計，將現代與古典在空間中進行完美融合。

公設／台灣中部／1600㎡／石材、玻璃纖維強化石膏板、石膏合成塑型、不銹鋼

壁爐是體現古典風格對稱平衡的關鍵，營造出寧靜居家的核心和感性之地。

♦ 壯闊美感

敞闊的迎賓大廳以宮廷式雕刻石柱體帶出挑高建築的華麗氣勢，乘載了古典風格以客為尊的迎賓之道。

♦ 點亮華麗

炫爛的水晶燈成為鞏固大廳尺度的重心，與柱體對稱裝飾的壁燈呼應，展現歐式古典風格的磅礡印象。

♦ ♦

現代比例的奢華

追求簡約精斂的現代風格設計難度不亞於古典風格，因為已經有既定模式的古典風格，只要依照基本的原則及流程施作，就可以描繪出應有的風格樣貌。但現代風格完全不同，運用簡約的線條表現設計質感，同時形塑出人與人、人與空間、人與環境的關係並不是一件簡單的事。以簡單的方式詮釋奢華的設計風格，最大的關鍵在於運用比例造就美感，空間的尺度、距離、色調....無一不留意比例的進退。

就像藝術家趙無極曾説過：「當我們在觀看一幅畫的時候，讓我們覺得很輕鬆，卻是畫家用盡心力的創作，這幅畫就是名畫。」這句話同樣能用來體現空間設計的概念，若是設計師在空間無盡的堆疊設計、傢具、陳設反而喪失應有的美感，但如果能精準地掌握擺放的比例，即使運用極少的東西卻可以表現感動人心空間。

現代主義建築師密斯・凡德羅提出的建築設計哲學，少不是空白而是精簡，多不是擁擠而是完美和開放的空間，傳遞出現代設計的精髓，而「少即是多」也流露著中國傳統美學與哲學意境；國畫最有美感的地方往往不是筆墨落下的山水，而是在於畫面中大片留白之處。就像是一道安靜沒任何東西的牆面，透過顏色或者陽光灑入的比例，所呈現完全不同的表情，唯有掌握細微之處的比例才能呈現對的空間風格。

純粹色感統整空間視覺。現代風格講究減法設計，大面積運用單一材質，色感處理上也強調單一主色鋪陳整體空間，造就一種完整量體的震撼感，採用紋理較簡約的材質及明度較高的淺色調，讓日光透過漫射產生明亮簡潔的空間感。

清透材質建構空間個性。給人俐落質感的金屬、玻璃、鏡面等材質能表現明快前衛的現代風格，適時地注入一些原木、水泥及石材等自然材質，則能變化出另一番新風格，但同樣要留意配置比例的重點原則，維持現代風格的一致調性。

解放規則賦予空間自主。現代風格開放空間自身在藝術概念上的想像，不過份強調特定風格調性，讓居住者自然而然參與空間環境的互動，因此透過縝密的規劃高度整合空間，創造視線與動線穿透延展，讓居住者成為主導空間的生活創作者。

經典之作展現生活質感。正因為現代風格簡約的空間設計，更需要傢具展現空間特色，搭配選擇上更要用心著墨，大師經典傢具本身就有展演性，挑選單件作品輕點空間適切的為視覺留白，將焦點集中在設計傢具展現個人生活品味。

從藝術畫作中延伸出空間色彩調性，
是簡斂也是大器，渾然天成的畫面，
鑄造經典永恆的現代美感。

無私的愛

男主人是位新銳藝術家，家中擺放的幾何畫作全都出自他之手，空間延伸畫作的基調以黑、灰、白描繪，並熟稔地將低飽和及暖棕色等東方傳統色彩點綴其中，為空間中勾勒出寧靜雅緻的現代美感。空間同時要兼具孩子成長及尊重長輩生活起居的節奏，格局配置上便依據需求拿捏講究，確保空間尺度及機能完全滿足大家族的生活所需。

公共空間運用鐵件玻璃拉門擴大視野，也創造推移與虛實對比的畫面感，男主人在工作室作畫時，家人的生活動態在敞開空間裡一覽無遺。主臥室採飯店式設計，衛浴使用了白色銀狐及聖羅蘭黑金石材，黑白對比呈現高貴雅緻氣氛。廚房是全家最常使用的區域，大尺度中島創造與家人親密互動的時光，白色大理石搭配黑色木皮使視覺印象更為輕盈。整體空間以柔和優雅的色調鋪陳，精緻高雅的材質雕琢細節，呼應空間的核心畫作，實踐創造和諧居家氛圍的諾言。

住宅／台灣中部／627 ㎡／六房四廳／石材、鐵件、複合式木地板、強化玻璃

廚房中島增加平台設計，滿足聚會時與親友互動關係，簡約石材紋理則呈現低奢的現代感。

融合衝擊

簡約線條融入古典風格的線板元素，同時加入金屬鐵件、玻璃等現代材質，呈現另一種新古典、新現代的風格出現。

舒心淡雅

私密空間以柔和的色調帶入暖心淡雅的氣質，讓屋主在忙碌快捷奏的生活步調中，感受到顏色及質感帶來撫慰人心的空間能量。

西方優雅的奢華

西方人向來比較羅曼蒂克，設計調性也給人一種優雅的感覺，但這裡所講的西方風格不一定是古典風格，也並非傳統制式化的西方調性，而是一種生活習性，是融入他們生活模式、喜好、習慣與空間關係的一種設計，是將西方氣質注入現代時尚，融合而成優雅細膩的空間氛圍，進而體現出奢華的生活態度。

西方建築領域很早就以邏輯理性的科學方式建構空間，蒙太奇設計就是以西方科技為架構，重新組構東方深厚的文化底蘊，將傳統文化以更符合現代的手法詮釋到建築與空間之中，這樣的設計融合東方哲思與西方理論，賦予環境新的意涵，展現更符合現代的生活模式。

無論哪種空間調性，從室內設計的整體規劃到美學裝飾的陳設布置，透過蒙太奇的美學意識去拆解分析東方與西方精髓，也將西方流行元素融入日常生活形態之中，為空間使用者進行轉化與延伸，塑造當代都會美學與時尚結合的心奢華風格。

幾何線條建構空間特色。打破傳統的空間配置概念，在視覺形態上以削減繁複東西方造型成為基礎概念，解構、延伸和流轉空間結構，成為單純幾何線條來切割空間，透過適當的比例配置帶出空間的流動感，構成具有藝術性的空間效果，賦予更有深度的品味層次。

藝術燈飾點亮空間焦點。照明色溫 2700K 的光源可以營造溫暖卻不失精緻的氛圍，安排間接燈光從天花板或櫃體向下漫射，讓光線變得柔和均勻，在重點空間搭配造型強烈的吊燈或立燈，使其成為空間焦點，以達到時尚、大器的效果，若是照明搭配 E-HOME 系統控制，可以為不同場域提供多種情境，營造出多變的居家氛圍。

對稱形式形塑空間秩序。利用客廳餐廳等公領域空間傢具作為視覺焦點，以古典風格對稱原則方式擺放，找出空間中心點進行布局，在著重裝飾效果的同時，也結合現代的流行手法融入古典氣質，展現大宅和諧的秩序美感同時表現嶄新的當代摩登調性。

低奢色調渲染空間氣質。空間以自然色的中性色調鋪陳作為主調進行規劃，部分搭配沉穩的深色調作為輔助，材質呼應色彩調性形成和諧的空間氛圍；建議選擇現代藝術畫作布置，讓居住者在享受物質生活的同時也得到了精神感官的慰藉。

空間呈現一種收放自如的境界，快慢動
靜之中節奏自明，看似無為裡，實質感
受到空間的是一種豐富的簡約氣質。

感受生活

循序、蜿蜒、簡練、質美是本案的設計精髓，為原本只是鋼筋水泥的空間注入更多生活內容與想像價值。真正的奢華是擁有對生活的絕對支配，因此設計由人的角度出發，以空間減法整合結構與功能，結合屋主的品味與喜好，置入豐富的生活體驗，在享受闊綽尺度空間的同時，讓人的情緒獲得多方面的舒展。樓層隨生活機能循序安排，垂直動線在造型與線條交會後流露蜿蜒的美感，同時呈現簡潔俐落的質感。下潛式的設計為客廳帶入個性與休閒的感覺，循著迴旋樓梯拾階而上，從公領域到私領域，進入男主人專屬的視聽空間，旋即映入眼簾的是以美國「Guns N' Roses」樂團作為發想的主題牆面，借音樂之名，實現對空間的所有夢想。透過縝密的布局設計，使人與空間建立了新的關係，音樂與藝術的導入，更賦予了性格與時尚的面貌，感受到的是一種富有當代奢華的創意生活。

住宅／台灣南部／720 ㎡／五房四廳 / 石材、藝術礦物物料、烤漆鐵件、超耐磨木地板、仿舊木紋磚

在傳統與現代，東方與西方之間，折射出一種當代的雅致氛圍，一種美感的巧妙平衡。

♦ 採光引景

每個角落在光影挪移之間，都能感受時間與生活的精彩。書房以紋理顯明的材質及藍灰等中性色調乘載主人的涵養，品味與經歷，以及內心深處發出的對美好生活的熱愛。

♦ 下沈延伸

下潛式的沙發設計結合挑空，為客廳展開絕佳的視野尺度，弧形的蒐藏櫃與吊燈圍塑劇場般戲劇效果，展現具國際化的多元美學空間。

縝密布局

空間的開放性與延續性是設計過程中思考的重點，垂直動線創造了豐富的視覺變化，讓生活其中的每個人，可以在移動中思考，也可以在空間中自在地漫步。

微妙平衡

去除了張揚與炫耀式的符號，簡潔而俐落的金屬線條展現優雅貴氣，大塊面的石材與溫潤木質，形成和諧對比，軟裝配置的色調比例安排得恰當而舒適。

♦ ♦ ♦ ♦

東方人文的奢華

蒙太奇的空間中隱約傳遞出東方美學韻味，但有別於傳統對東方圖騰式思考的創作概念，而是以「素樸而華美」的設計風格來詮釋新東方人文情懷，這樣看似衝突的風格是藉由粗獷與精緻材質的交融，沉穩與輕快色調和諧搭配而成，並且以工藝手法將東方美以符合當代生活的實用層面來設計與實踐，因此蒙太奇的設計手法同時也是一種生活哲學，在東方特有的人文氣質與涵養之中，融合西方時尚簡約的精神。

當我們在形容西方「優雅」時，概念上講得就是東方「人文」，這其中包含著流傳千年的文化底蘊，在創作東方調性的時候會將「優雅」和「人文」的概念互相融合去安排空間，讓空間既富含文化又能表達獨特的調性。

蒙太奇設計當中所提出的「心療癒」講的就是「五美」—「慢、靜、善、簡、雅」，一種新的生活態度。「心療癒」是從自由的思維出發，將經典設計中所提煉出的元素以東方形式表達，這當中結合古典中式的意象，並以現代的裝飾手法拼貼剪輯，讓傳統文化與現代風格產生碰撞，呈現亦古亦今，適合當代的生活方式與空間氛圍。

無論是傳統空間的更新再利用，或者將既有文化融入新空間，作為空間規劃者，必須從豐富龐雜的傳統文化中汲取、體驗，提煉出可以被物質化、空間化的元素，再把它們重組、妥置到新的功能空間載體之中。就像是進行一種翻譯的工作，把傳統文化轉譯成適合現代空間的語言，使它們通過一種氣氛傳達出來，被空間使用者接收、理解及感受。

簡斂傢具交會東西文化。打造蒙太奇式的東方風格，在傢具的挑選上可以選擇較現代的造型，明式傢具則以簡潔的線條將中國悠久的文化融入其中，也是相當推薦搭配的合適傢具。配置時以構圖的概念，重點式的點綴在空間之中就是一種東方人文的表現。

自然材質傳遞東風韻味。使用帶有溫潤氣息的陶、石、木、竹等自然元素，能傳遞出東方文化雅緻內斂的人文意涵，搭配比例上可以適度地交錯運用一些鐵件、皮革或者塑料等現代材質混搭，與空間的裝修做東方意象的堆疊，呈現當代文化交融的空間美學。

東方藝品輕點留白美學。選擇瓷器、陶藝、字畫等具有中國文化意函的藝術品布置空間時，以一種東方留白的美學觀念控制節奏輕點綴飾，或者以主題方式置入在主景部分彰顯空間的大家風範，搭配一些造景植栽及盆景打造空間的山水景色。

寧靜光氛流洩如詩空間。採用色溫較高的黃光較能營造帶有東方人文安定沉靜的空間氛圍，並且利用間接燈光強化空間線條，達到更深邃的立體層次效果，搭配投射燈可使藝術品或是軟裝更具有視覺的張力。

運用現代的簡約手法，細膩注入東方人文質感，在多元質材的精彩交織下，形塑富含藝術品味的高端豪宅。

閱讀生活　生活閱讀

以獨創蒙太奇手法打造空間，將當代西方建築的高端技術，注入經過淬煉簡化後的東方風格之中。在濃縮的東方藝術與西方建築工藝細節之中，匯聚東西方頂層人士的家居文化與對於空間機能的所有嚮往。空間就像是一個經過雕琢的藝術品，散發由內而外的動人氣質，當居住者行走在其中，設計的精神與力量會從建築與環境，圍繞著居住者延展開來，超越量身打造的境界，不但可以在空間中閱讀生活的軌跡，也能在生活中閱讀世界的脈動，領略到人與環境的融合。不只是風格讓人驚艷，更有無與倫比的氣度與機能，創造一種當代東西方美學完美融入的心境和諧。在建築與非建築之間、空間與設計之間跨界，在人與人之間，創造感動，向世界展示一種嶄新的形象。

會所／台灣南部／1700m^2／六房七廳 ／ 石材、木皮、鐵件、玻璃、訂製木地板

頂樓圖書典藏館以美術館的空間概念為發想，挑高處理可擺放大量藏書，滿足主人蒐藏與展示喜好。

WĘDRUJĄCY ŚWIAT
GRZEGORZ W. KOLODKO
sei grande
sei grande
GŁOWIENKA
WĘDRUJĄCY ŚWIAT
GRZEGORZ W. KOLODKO

♦ 沉穩脫俗

材質、色彩及質感帶出高端生活的品味與人文氣息，突破材質原有的既定印象，加入不同工藝手法或保留材質未加工原始模樣，揉合東方低調溫婉之美。

♦ 光和感知

結合休憩與會客的空間，透過設計與材質產生綿密對話，自然光與水霧壁爐的氣氛光源交織出豐富光影變化，彰顯豪宅尊貴的個性。

INTERIOR
DESIGN
REVIEW
Living

♦ 對稱設計

對稱設計形塑空間的軸線，將天圓地方、穿透、借景等東方元素轉化為設計手法。

♦ 各異其趣

男女主人有各自生活習慣，主臥房根據不同的使用需求單獨配備男女主人的更衣、衛浴空間，並且分別附設書房、大型化妝間等，再經由動線的規劃串起獨立又融合的生活模式。

♦ ♦ ♦ ♦ ♦

當代張力的奢華

當代為什麼用「張力」來表述？當代設計強調一種所謂個性化的設計，是一種跳脱古典和現代的設計，以與眾不同的觀點在進行創作，著重於居住者的自我表現，面對這個「自我」設計者要如何去挖掘？挖掘後又要如何以震撼人心的展演張力去突顯，甚至觸動內在深層的感受，考驗著設計者的能力。當設計打破東方、西方界限的藩籬，在當代被重新建立起自己獨特的個性，就是一種當代張力的奢華表現。

從字面上的意思來看，「當代」就是現在進行式，現在時空正發生的人事物。經過時間的融合，現在的生活早已與東西方文化密不可分，就拿當代藝術來看，無法輕易為這些藝術家詮釋到底是東方風格還是西方調性，藝術家只是藉由藝術很自然的表現當下人和生活習性的關係，其他像是設計、建築，甚至音樂也是一樣的道理。

當代張力的奢華是以設計師個人的觀點去創作，不一定要遵循特定法則，而運用蒙太奇的方法去呈現空間量體，比較容易有方向可以依循，用剪接、片段及借景等方式，在不違和的情況下古典元素也可以融入當代風格，甚至用老子在《道德經》所說「大象無形」的方式去表現出氣象萬千的面貌和場景這才是最重要的。

流轉動線重塑空間體驗。以動線的變化重新定義空間，可以突破既有的結構限制，重新塑造空間的連續性與延展性，將穿透與轉折都安排在空間中，打破所有既定的邏輯，讓空間與空間，空間與人之間有更多自主和隨性，創造出具有想像力的居住感受。

蒙太奇設計反映生活態度。運用蒙太奇的設計手法讓看似對立的觀點或概念並存，改變不可能創造出更多的可能，以一種嶄新且細膩的手法，讓家成為一種生活態度的反映，將藝術與日常的反覆斟酌，使空間不再只具備住的功能，更進化為一個接納人與人之間關係的場所。

前衛藝術深化空間質感。讓空間與藝術產生關係是當代張力奢華的必須，將藝廊、博物館的概念置入空間，不必刻意拘泥藝術形式、擺放能呼應空間尺度的大型雕塑或巨幅畫作等的當代藝術品，利用藝術本身的力量創造出一種戲劇化的聚焦效果。

植栽綠意滋養空間氣息。將當代科技與植物融入延展空間的深度，增添植生牆、庭園造景、花藝等布置，結合流動的水與空氣帶動自然的氣息，綠意環境不但具有減壓療癒的效果，同時使家充滿勃勃生氣與寫意，賦予空間一種科技與生態融合的當代美感。

綜觀全局的角度來品味空間，簡練的線條從牆面開始延伸至天花、傢具及沒入空間的櫃體，天與地連接一氣，處理成微波般的線條，輕盈翱翔而精確地銜接著不同空間的延續，洩露精湛的結構工藝。

大明大放

穿透裡面，還有穿透。結構裡面，還有結構。東方文化思潮的裡面，有西方藝術的良善。是布局，也是轉折。是層次，也是分隔。是出發點，也是節點。可以隨時，更可以隨性。以東西融合、充滿舒適性與數位科技的運用，嶄新且細膩的蒙太奇設計風格，挑戰普世的設計觀點。越是不可能，就越能激發設計的可能。這是一個夢境裡，還有夢境的空間。

天與地，順著光的濃淡，色彩的轉化與律動，產生有趣的延續，明暗有致的勾勒生活情境。布局，就在轉折之中，質感層次與機能融入到刻意削弱的分隔裡。隨時可以連成一氣，也可以隨性做自己希望的隱藏或表述。一口氣打破所有既定的邏輯，空間成了獨立於時間外的小宇宙，這不僅僅是實驗；更是一場想像力徹底爆發的體驗。

刻意打開建築結構的軌跡，成為絕美而獨特的天地壁銜接處。設備被處理成摺紙般輕盈翱翔、精確地銜接著不同空間的延續，刻意延伸的天花板設計，流露精湛的結構工藝。玄關之處祿馬交馳與創世紀的相遇，在東西文化的融合裡表露天真良善的玩心。設計深入到人與空間、時間，文化與親密歸屬，因而深刻領悟：生活；就該這麼處處新鮮。用心設計，會讓人處處感動。

住宅／台灣中部／220m^2／2房2廳1健身房／石材、鐵件、矽酸鈣板

日光與穿透使整體空間變得明亮，科技與綠植的植生牆，劃破恬靜的場域，給予空間盎然朝氣。

♦ 起點節點

玄關的祿馬交馳與客廳的創世紀，展現東西文化的融合也是天真良善的玩心，接觸之間產生聯繫與線條的動感，震憾人心，極富想像。

♦ 層次分隔

空間機能融入刻意削弱強度的牆面裡，隨時可以連成一氣，也可以隨性移動櫃體，空間可以自在蹦大或縮小隨性隱藏。

HIGH-
ARCHITECTURE
LIGHTS

TWEETY

◆ 結構中的結構

打開部分建築結構，探索空間的最大可能，刻意顯露制震器以色彩美化為天地壁銜接，絕美而獨特的詼諧成為一種當代裝置藝術。

◆ 穿透轉折

從空間布局的手法來品味空間，感受到剔透質感，回字形的動線，將安排在空間中的穿透與轉折帶入不同的質感層次，以有界限的存在來打破界線。

CHAPTER

4

蒙太奇藝術學

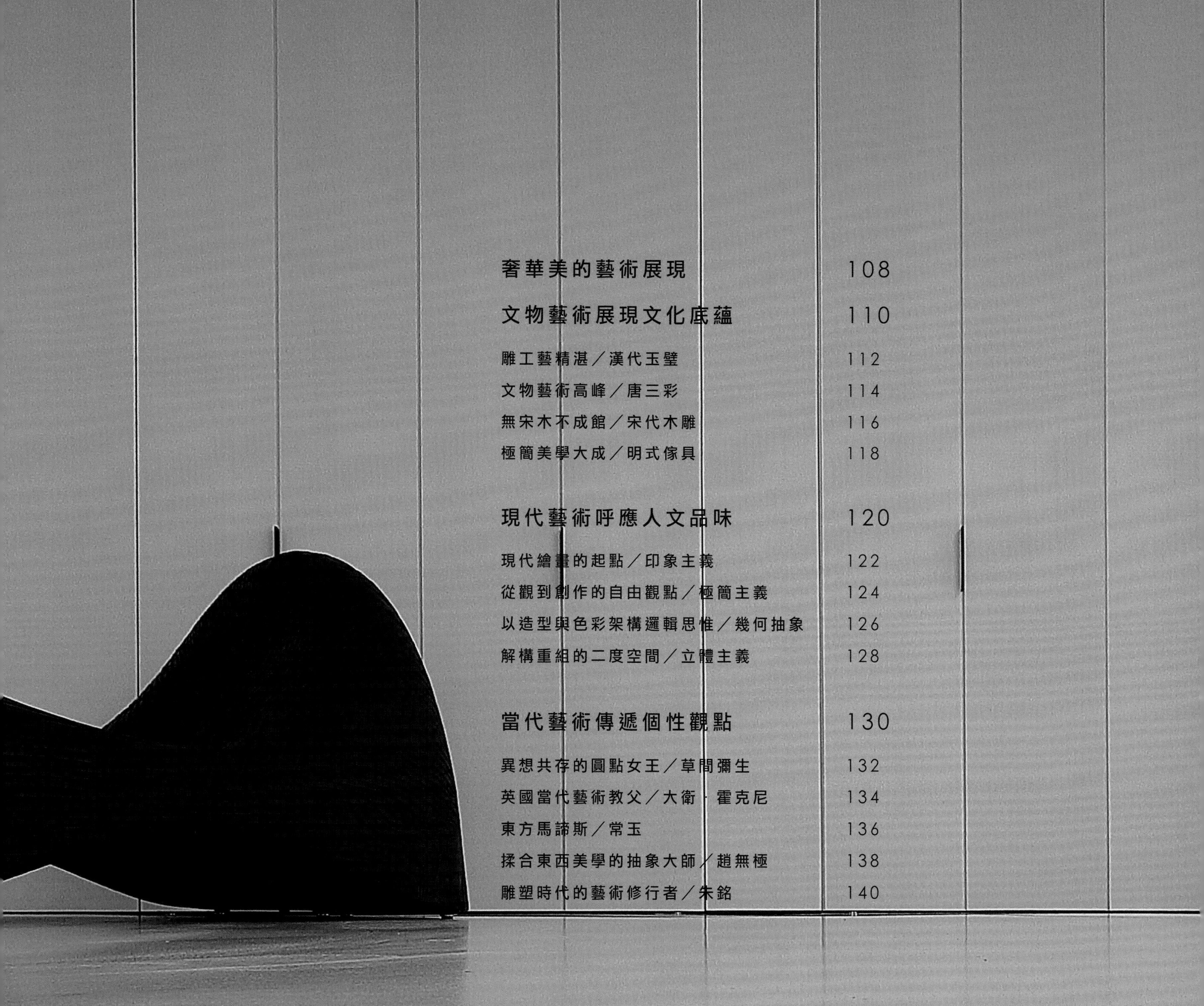

奢華美的藝術展現

從早期權貴豪門、商賈巨富聘請藝術家擔任御用畫師的風氣得知，財富得以養成文化藝術，高端族群可以比較吃喝穿住，但深藏底蘊的文化品味卻無法相比，所以說一個豪宅之所以能稱之為豪宅，是因為藝術品為空間所帶來的價值超過豪宅本身，不僅提高空間的美學品味、創造獨一無二的氛圍，並帶來藝術投資的附加價值，這並非名貴傢具及豪華裝潢所能達到。藝術品的欣賞和蒐藏不僅是財富的代表，更是生活品位、學識修養，以及社會地位的象徵。但藝術品要如何巧妙的與空間融合？過多顯得俗氣，過少又顯得單薄，其實選擇幾件象徵性的藝術品就足以展露眼光水平，能將所擁有的絕佳藝術品用到合宜之處，才是高端品味的極致展現。

展現品味 反應個性

豪宅擺放藝術品是必然的，當吃穿用都不虞匱乏，財富到達一定層次的時候，高端族群想要表徵身分、顯示財富，藝術品就是重要指標，簡單在空間擺上一幅價值千萬的珍稀名畫，豪宅的財富實力和權勢地位就不言而喻。一般來說，購買藝術品可以分為蒐藏和投資，這兩者是完全不同的兩回事。在為豪宅配置藝術品時，不一定要最昂貴，但可以最喜愛，將藝術品、文物運用在生活上就是個人品味的展現，空間反應個性，先從屋主喜歡的物件開始著手，再選定合宜的擺放位置，讓藝術品在空間產生趣味性，比如說，在端點、轉角或者牆面擺放奇石去引伸山水，連結室內和戶外的空間，除此之外，藝術品還要能呼應空間風格才能相得益彰。

瞭解喜好 激發共鳴

豪宅屋主大多對藝術有所涉略，只是個人偏好不同，有人喜歡文物，有人喜歡雕塑，有人喜歡畫作，因此設計師想要服務高端族群，就要瞭解他們的喜好，否則很難為他們打造引起共鳴的設計。然而真正蒐藏藝術品的高端行家，必然有自己的主觀美感，空間甚至不需過於華美的裝潢，只要留下空白處滿足他們展示藝術品的需求。在為這類豪宅屋主設計空間挑選藝術品時，也要先瞭解他們的藏品類別，數量以及作品對屋主本身的意涵，然後讓藝術品適切的融入生活環境，打造一個歡欣喜悅的居家空間。

滿足需求 融入觀點

設計師和藝術家不同的地方是，藝術家只需要表現自己盡情創作，而設計師除了本身要具備專業技能，還要有多元的美學素養，對每一種藝術美學都要有所涉略，才能為屋主找到適合的美學觀，設計師不能將自己的主觀硬套在屋主身上，滿足屋主喜好需求之餘再適當的融入不同的觀點，在專業和美感上就會得到極高的認同。

文物藝術
展現文化底蘊

關於文物的定義目前各個國家並不一致，雖然學術界對文物尚未形成統一共識，但它基本認定特徵大致有兩點，一 必須是由人所創造或者是與人產生活動的；二，它必須是已經成為過往的歷史不能再重新創造的。文物在時間涵蓋的層面較廣，可以是古代，也可以是現代或當代，只要是具有文化的產物都可以被列為文物範疇。

由於文物並未有切確的定義，對文物學者來說，因為有文化保護價值就是文物；對投資者來說，因為有增值價值就是古董；對藏家來說，因為有藝術鑑賞價值是古董藝術。文物價值一般包括文物的歷史價值、藝術價值、科學價值和特殊的商品價值四類。文物的價值是客觀存在的，但是對於文物價值的認定是一個主觀的過程，像是稀有性、完整度和保存狀況都是判定價值的依據。

文物藝術種類

文物分類的標準有很多，例如，依時間分類一即按照文物的製造年代分類，像是「唐代文物」、「清代文物」；依文物質地分類，像是「青銅器」、「陶器」、「玉器」等;依價值分類，根據文物的珍稀程度分成「國家保護的文物」、「國家一級文物」、「館藏二級文物」等，或是依文物來源分類，分為「出土文物」、「征集文物」、「收購文物」等；依社會屬性分類是在文物學研究中最重要的分類法，目的是研究件文物所承載的歷史價值和藝術價值等，像是「皇室用品」、「貴族物品」、「平民用品」或者「禮器」、「實用品」、「裝飾品」、「藝術品」等。

古物新意融入創意

古文物都留有歲月的痕跡，運用在居家的古董配件，得考慮其陳舊的美感適不適合居家空間，運用上並沒有絕對適合的風格，設計師要發揮創意使其融入空間；豪宅坪數大者，成套的古董傢具能襯托空間氣勢；也可以將古物配件創造成實用物件，如門把、燈罩或者借用木雕窗櫺的鏤空感延伸空間，為空間帶來與眾不同的新意。

文物藝術裝點意境

將古文物運用在居家布置上，不是件容易的事，配置不當反而無法突顯其美感價值，即使屋主對其蒐藏愛不釋手，也不適合塞滿整個空間。擺放時除了考量價位、材質、藝術、增值及蒐藏外，也需考量房子內部的個性、屬性及尺度選擇對應的文物，同時規劃縝密的照明定位，展現空間藝品及空間的生命力。以下幾種文物藝術的類型，是身為豪宅設計師一定要認識與瞭解，才能引領豪宅主人展現其文化底蘊。

雕工藝精湛／漢代玉璧

從中國西周以來，就有相當成熟精湛的玉器製作技術，從考古的歷史來看玉器的發展，早在中國新石器時代的良渚文化遺產中出土的隨葬品中就發現大量的玉器，其後隨著經濟發展，玉器文化到了漢代達到鼎盛，此時期造就豐富多元的圖案造型，柱狀玉稱作「琮」，圓盤玉就稱作「璧」。其中玉璧是中國古代玉器中流傳最為久遠的器類之一，幾乎貫穿整個古代玉器製作史，見證了中國古代社會政治、經濟、文化的演進。

玉璧尺寸反應時代

玉璧隨著時代變化皆有各自的特色和用途，像是商代佩戴裝飾的用途開始發展玉璧的形式較小，也成為彰顯身份的像徵；春秋戰國時期，玉璧雕刻工藝趨於精緻，小形玉璧多為裝飾用，大形玉璧多作為陪葬用；玉璧鼎盛時期的漢代，無論選料作工都極為講究，器薄體輕、工藝精湛、飾紋豐富，這一時期玉璧的使用範圍極廣，主要作用於禮儀、陪葬等，也可在空間用來裝飾牆壁或作為嵌飾，也有作為配件使用，因此是各代玉璧當中最具代表的時期。

雙鳳穀紋玉璧，西漢代早期，公元前2世紀-前1世紀，直徑 7.9 厘米。圖片來源__Galerie Zacke

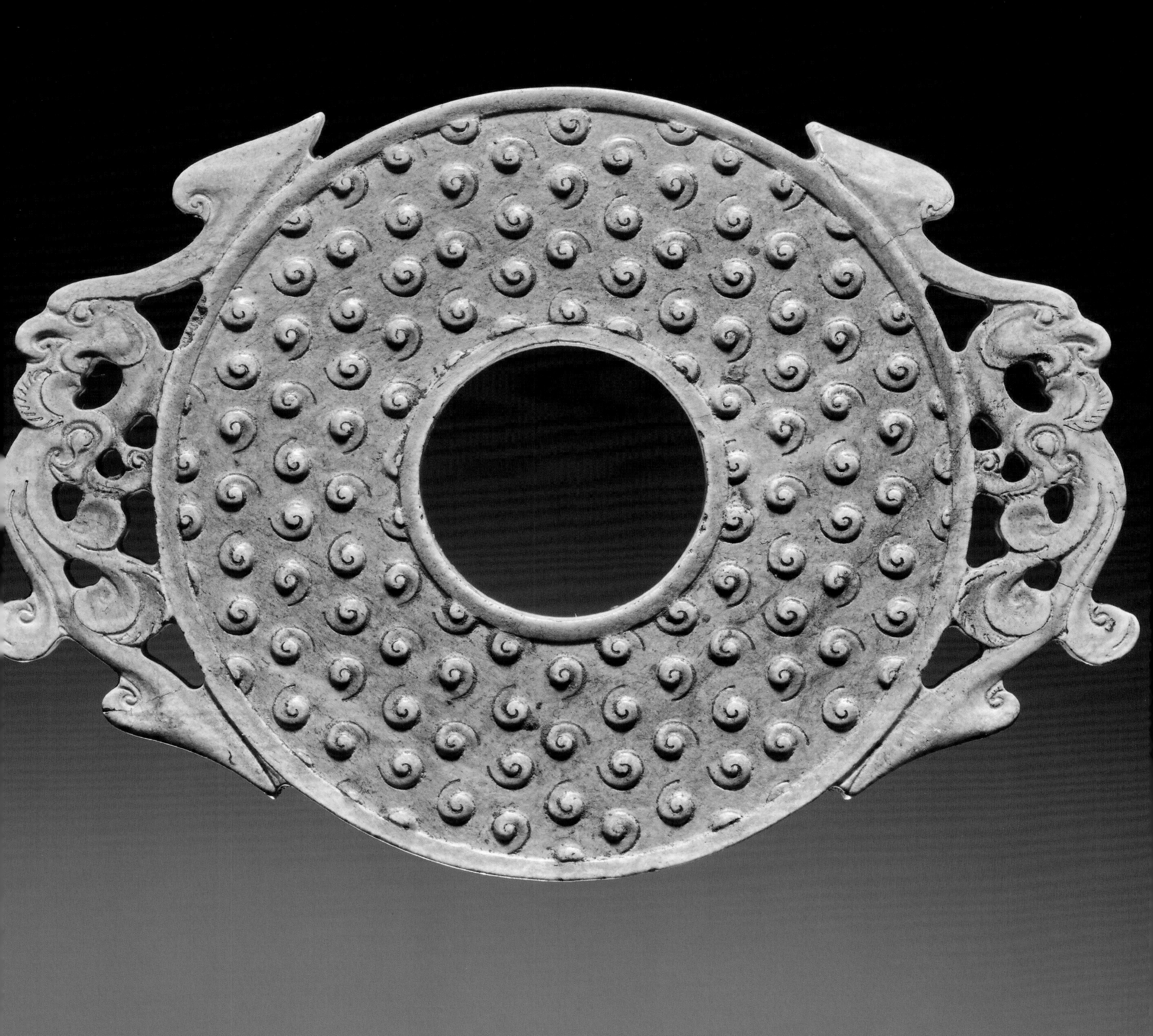

文物藝術高峰／唐三彩

唐三彩在陶瓷史上具有重要的象徵義意，也是展現中國文物藝術的另一個高峰。唐三彩是唐代彩色釉陶器的通稱，而以黃、綠、褐三彩為主的三彩釉，其實還包括藍、黑、白等色彩，一件作品要呈現多種色彩需經過多道燒製程序才能完成，從絢麗多彩的唐三彩作品中，就可推測而知當時陶瓷燒釉的精湛技術，同時反應出富有浪漫色彩的盛唐氣象。中國後世的釉上彩受到唐三彩雕塑影響極深，因其工藝、色彩、造型美感而被國內外藏家爭相蒐藏，居高不下的市價導致大量的仿品，選購時務必鑑定其真偽。

器型廣泛窺見生活

唐代和邊疆民族往來並受到其文化的影響，色彩流露出濃厚的異國風情，唐三彩的器型也相當廣泛，觸及到生活的各個層面，像是生活用具有瓶、壺、罐、缽、杯、盤、碗、燭台等；人物俑有貴婦人、男女侍俑、掌馬俑、文官俑、武士俑等；動物俑有駱駝、馬、驢、豬、牛、羊、狗、雞、鴨等。此外，還有傢具、車馬、假山、樓榭亭閣等，所以從唐三彩的器型便可以窺見當時的生活樣貌。而眾多作品中尤其以人物俑、馬、駱駝的塑工形神俱佳，姿態萬千，至今仍是頗受藏家喜愛的傳世珍品。

唐三彩釉陶梳妝女坐俑，1955年陝西省西安市西郊王家墳唐墓出土。圖片來源__陝西歷史博物

無宋木不成館／宋代木雕

宋代木雕一直都是國外大型博物館的必爭的典藏之物，並且絕不輕易將唐宋木雕佛像拿出來拍賣，甚至流傳著「無宋木不成館」的話，意思就是沒有宋代的木雕佛像是不能稱之為博物館，由此可知宋代木雕藝術在文物使上的重要性。從全球藝術品市場的動態觀察，宋元木雕工藝成就成為近年來以來的寵兒，從藝術歷史人文的層面來看，無論哪個國家，神佛像都承載了人們心靈的寄託，對未來美好的希望和祈望，流傳至今，可從莊嚴細膩的容顏雕琢，感受到古人對佛祖的崇敬虔心。

木雕藝術見證信仰

隨著藏傳佛教興起木雕佛像開始和中國木雕結合發展起來，木雕佛像因此成為時代藝術品和古文化傳承的象徵。木雕在中國的歷史也相當悠長，佛像雕刻到了宋代，形態趨於飽滿瑰麗，手法洗鍊圓熟，在題材和表現形式上有不同的轉變和發展，此時的菩薩像雍容大度，衣裝華貴，同時隨著木雕原料輸入，所運用的木料也更為豐富，像是紫檀、雞翅木及紅木等都逐漸興盛，佛像木質也成為評判木雕佛像價值主要根據之一，還有佛像年代，木雕工藝的水準高低也是重要的標準。其他像是佛像體量大小、完殘程度和存世量珍稀性等因素，同樣要考量進去。

宋代金漆木雕彩繪菩薩像，此木雕源自山西境內，為宋代木雕菩薩像代表作。圖片來源__上海博物館

極簡美學大成／明式傢具

中國傢具歷史到明朝時期達到了藝術層級的巔峰，甚至影響了世界傢具的形式。明朝社會穩定、經濟富足且文化繁榮，當時的文人志士多偏愛清新質樸的風格，這種追求雅緻大方的文化內涵，隨著他們參與家居設計直接影響明式傢具的設計理念。對比西方極簡主義是摒棄傳統古典的繁復裝飾，追求簡約明快的設計理念，而明式傢具則是受到社會環境因素的影響，形成了與極簡主義美學相似思想。

優雅形態體現心境

中國知名文史學者暨文物蒐藏家王世襄談論明式傢具時歸納五美：木材美、造型美、結構美、雕刻美、裝飾美。明代已懂得追求木質原始的紋理質感，少見大面積的繁複雕飾，且形式多樣，其中形簡工素的作品稱為上品。「素」不等於「簡單」，而是意味著「少做但要做足」，而明式傢具最為人津津樂道的就是線條，其形態和諧搭配多種曲直線條，起承轉合中蘊含獨有的節奏和韻味，像較為人所知的圈椅，官椅等椅背，以人體功學為基礎的曲線，是以貼合脊椎自然線條所設計；而其不用釘，不用膠的榫卯咬合工藝更是經得起時間考驗。明式傢具內斂含蓄的氣韻，反應當時的文人存在的風骨，以及追求人與萬物契合的心境。

明代傢具，黃花梨，萬曆年間，江南地區。圖片來源__巴黎居美博物館（Musée Guimet）

現代藝術
呼應人文品味

西方藝術理論中的「現代藝術」（Modern art）、「當代藝術」（Contemporary art），以歐美的論述來說，「現代藝術」是從一次世界大戰之前到十九世紀末的創作，在這時期之後的作品則統稱為「當代藝術」；而北美定義較為寬鬆，從起源於 19 世紀 60 年代印象派到二次大戰期間結束的作品稱為「現代藝術」，而只要藝術家仍在世就稱之為「當代藝術」。

「現代藝術」是對古典主義的一種反動，以唯我主義和個人主義向固有形式和既定的規範挑戰，從過往以敘事為主的藝術表現手段轉向抽象形式呈現。「現代藝術之父」塞尚其革命性的創造，在於他將西方藝術從宗教和政治的束縛中解放，「畫什麼」不再是重點，「怎樣畫」才是主要創作目的，追求的是「形式主義」的「純藝術」，簡單的說就是「為藝術的藝術」（Art for art）。同時，現代藝術亦是印象主義之後西方各形各色藝術流派的總稱，像是後印象派畫家文森特．梵谷（Vincent van Gogh），印象派畫家保羅．高更（Paul Gauguin）及克洛德．莫內（Oscar-Claude Monet），點彩畫派的喬治．秀拉（Georges Seurat）等人，這些都是現代藝術的發展時期不可不知的重要人物。

現代藝術種類

「現代藝術」起始於1874年印象派時期，歷經印象派（1870起）、後期印象派、野獸派（1900-1910出現）、立體派、表現主義（1910-1940）、未來派（1900起）、超現實主義（1920-1940）、抽象派的出現（1940-1960年）。其中印象派、極簡主義、幾何抽象、立體派和空間比較能產生呼應的關係。

風格特色呼應氛圍

現代藝術大多以畫作為主，每個時期的都有各自鮮明的特色，例如，印象派強調人對外界物體的光影感覺和印象；立體派以多角度在同一個畫面之中描寫對象物；直接圖像化表現的幾何抽象派，以簡潔手法和色彩述說複雜思想的極簡主義。對於剛進入藝術領域的屋主，現代藝術是能展現品味不容易出錯的選擇，根據居家風格挑選畫風、調性及色彩與空間合宜的名家畫作，更可以使彼此相得益彰。

軸心畫作 展延元素

為了突顯畫作的藝術性和價值性，一面牆以一幅畫為主題，取其主要色調或畫中主要特色延伸周圍的顏色及擺飾，例如選擇馬克．羅斯科的《橙 紅 黃》作為主題，就可以搭配橙紅黃色系的傢具或軟裝飾品，使整體色感更為一致，或者大膽的運用對比背景色讓作品更突出，同時也要留意擺放位置的光線，才能展現藝術的價值。以下幾位現代藝術家及其作品，是身為豪宅設計師一定要認識與瞭解，才能引領豪宅主人展現其品味。

現代繪畫的起點／印象主義

如果說文藝復興運動是近代繪畫的開端，那麼印象派則是現代繪畫的起點。文藝復興運動將明暗、透視、解剖等知識科學地運用到藝術之中，印象派改變了自文藝復興運動以來光影概念，重新研究光在不同時間、環境、氣候與色彩的關係，真實呈現人、事、物在光影之下的生動感。印象派名稱源自於莫內於1874年的畫作《印象 日出》，逐漸帶起一種藝術運動或一種畫風，畫作特色著重在光影的改變及對時間的印象，題材常圍繞於生活中的平凡事物或者風景做為描繪對象。

醉心光影 印象之父—莫內

知名的印象派藝術家包括莫內（Claude Monet）、馬內（Edouard Manet）、竇加（Edgar Degas）、雷諾瓦（Pierre-Auguste Renoir），塞尚（Paul Cezanne）等，其中莫內是最具代表性的畫家。莫內擅長補捉光影瞬息萬變的表現，作品所記錄的不是所見物體的本身，而是一種觀看過程，因此他對於色彩的運用相當細膩，曾在不同季節，不同時間繪製同一場景，只為了補捉光線與季節流逝的變化。為了捕捉稍縱即逝的光影時刻，必須迅速在畫布上色彩，這種不拘泥細節的繪畫手法在當時引起許多批評，從現代來看卻是強調「感覺」的自由表現方式。莫內畫作對光作了微妙的詮譯，將畫帶入空間，讓人彷彿感受到瞬間凝結的美妙光影。

莫內 (Claude Monet)，«花園中的仕女»，油畫，1867 年，82 cm x 100 cm。圖片來源__聖彼得堡冬宮艾米塔吉博物館 (Hermitage Museum)

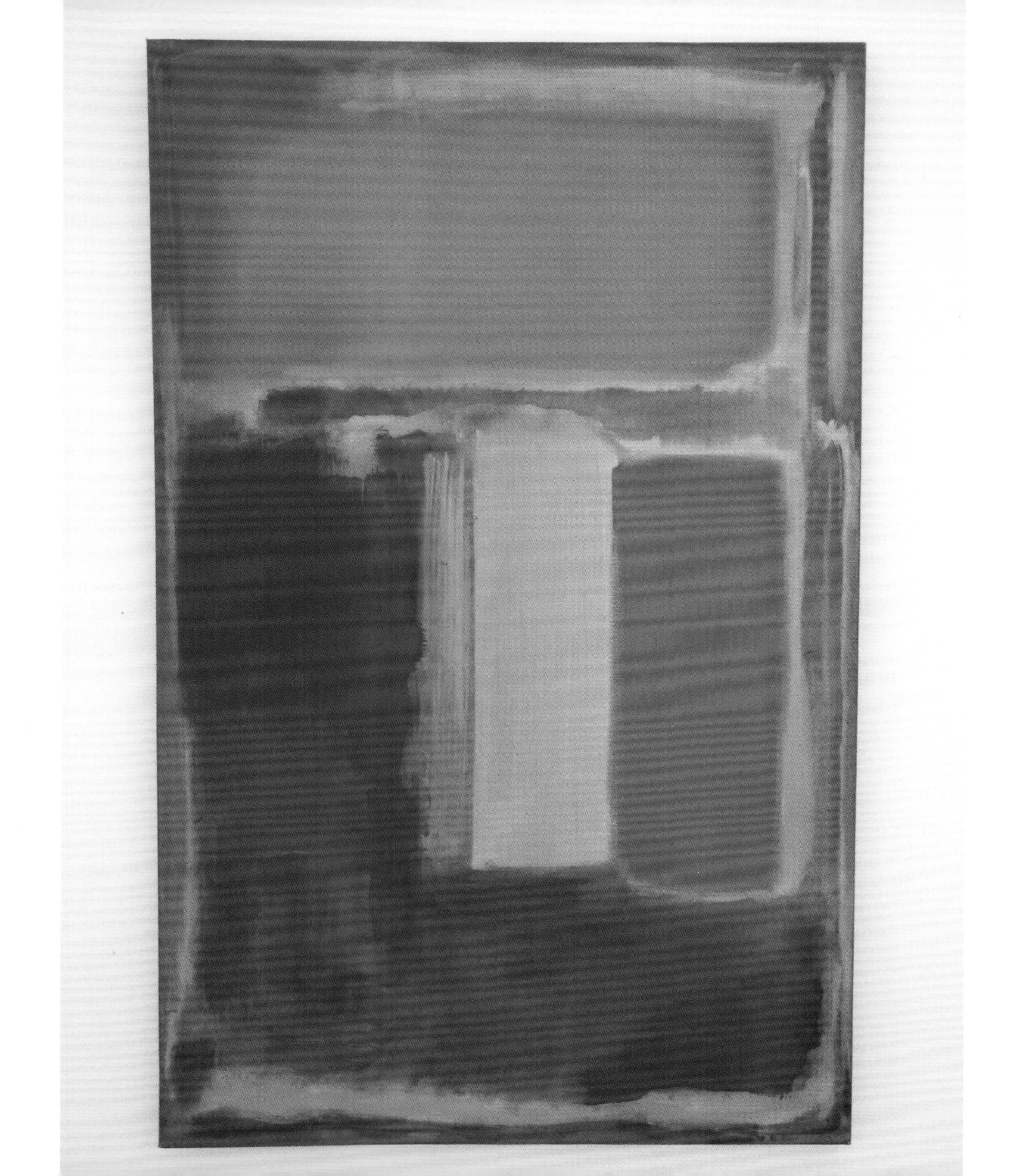

從觀到創作的自由觀點／極簡主義

極簡主義（Minimalism）起源於1960年代美國紐約興起的藝術派系，又可稱為「Minimal Art」，它的誕生是作為對抽象表現主義的反動而走向極至的表現。極簡主義（ Minimalism ）主要使用最低限度的事件（incident）或組合 （compositional）形式來詮釋幾何形、立方形、比例、尺度，讓觀者心境反應作品。理念在降低藝術家自身情感表現，而讓畫作朝向單純邏輯思考發展，主要不讓創作者藉由作品對觀賞者產生主觀意識的引導，簡單來説就是畫作沒有太具體的形象，以抽象畫開放作品本身在概念上的意象空間，讓觀者與作品之間產生自由觀點，最終成為作品在不特定限制下的創作者。

極簡思想 孤獨療癒一羅斯科

馬克・羅斯科（ Mark Rothko ）出生於拉脱維亞的猶太人，於1910年移民美國創作，致力於超越傳統藝術的精神傳達。羅斯科畫作最大的特色在於，以極簡的手法，借著暈染色彩結合柔化色域的線條、幾何圖像構成傳達人類內在複雜的情感及精神內涵，將觀者帶入畫框以外的深遠世界。最具代表作品為《橙 紅 黃》（ No.1 Orange , Red , Yellow 1961 ）創造極高的拍賣天價，和所有藝術家一樣，羅斯科作品色彩隨著不同時期的體悟而轉變，從明亮橘紅等鮮艷色彩，後期轉而深紅、黑色深沉色系，最終選擇自我結束生命的方式回歸世界。

馬克・羅斯科（Mark Rothko），«無題»，油畫，1899年，110 × 200 cm。圖片來源__創用CC（Creative Commons）

以造型與色彩架構邏輯思惟／幾何抽象

抽象包含多種流派，並非單指一個派別的名稱，抽象繪畫共同的特質都是在於嘗試打破過去繪畫必須模仿自然的傳統觀念。抽象繪畫以直覺和想像力作為創作的出發點，摒除任何具有象徵性、文學性或者說明性的具體表現手法，特色在於將造形和色彩以邏輯思維組織在畫面上。抽象繪畫發展出兩大趨勢，以蒙德里安（Mondrian）為代表的「幾何抽象」畫派，以及以康丁斯基（Kandinsky）為代表的「抒情抽象」畫派。「幾何抽象」畫派利用線條完美分割畫面，並在其中安排紅、黃、藍三原色；「抒情抽象」畫派不同於俐落規矩的幾何圖形，以較柔和的線條呈現浪漫的傾向。

極致淬煉 形式之美－蒙德里安

蒙德里安在荷蘭美術史中是最具影響力的三大畫家之一，他最知名的《紅、黃、藍構圖》畫作運用筆直的線條、純粹的三原色融入線和面組合的空間中，看似簡單的畫面其實是他用畢生探尋完美的比例分割以及色彩搭配的成果，讓視覺回歸到單純物件構成的美感狀態。蒙德里安發展自我風格的過程中受到畢卡索等立體派作品的影響，從風景畫逐漸朝向抽象方式呈現，並加入自我的風格最終摸索新的個人形式。極富張力經典作品，至今在裝飾藝術、時尚、建築及工業設計等領域造成極大的啟發。

蒙德里安 (Piet Mondrian) ，《紅藍黃構圖》，油畫，1930 年，46 cm x 46 cm。圖片來源＿瑞士蘇黎世美術館 (Kunsthaus Zurich)

P M 30

解構重組的二度空間／立體主義

立體主義的藝術家以追求一種解構畫面再重新組合的構成形式為目標，主要是藝術家不以單一面向觀察物件，而以多角度來描寫對象物，再重新將物體截取各個角度疊放，形成了許多垂直與平行線條交錯，構置於同一個畫面之中，創新出一種以實物來拼貼畫面圖形的藝術手法和語言，藉以表達對象物最為完整的形象。解構重組的畫面形成散亂的陰影，使立體主義的畫面沒有傳統西方繪畫的三度空間透視，背景與描繪主題畫面交互穿插，呈現出立體主義創造出二度空間的繪畫特色。立體主義雖然是繪畫上的風格，但對 20 世紀的雕塑、建築和審美觀也產生影響。

藝術天才 風格無限－畢卡索

畢卡索是立體主義的代表畫家，在同樣為畫家的父親的訓練下，從小就展現驚為天人的藝術天份，《第一次聖餐》（The First Communion，1896 年）的畫作顯示出年僅 15 歲的畢卡索已經能處理高難度的細節。畢卡索的作品通常被分為 4 個時期，大致為憂鬱情緒的「藍色時期」（1901 年－ 1904 年）、墜入愛河的「粉紅色時期」（1904 年－ 1906 年）、受到黑人雕刻影響的「 黑人時期」（1907 年－ 1924 年）以及「晚期」（1946 年－ 1972 年）。畢卡索作品形式涵蓋住絕大多數二十世紀藝術家發展的樣式，源源不絕的創作能量到了後期仍不減，其成就是二十世紀的藝術史中難以超越的藝術家。

畢卡索（Picasso），《亞維儂少女》，油畫，1907 年，243.9 cm × 233.7 cm。圖片來源__紐約現代藝術博物館（The Museum of Modern Art，簡稱 MoMA）

♦ ♦ ♦

當代藝術
傳遞個性觀點

至今「當代藝術」定義仍有多種說法但都非常模糊，有人定義為目前這個時代正在實踐的藝術風格，而較具體的說法是指從1960年代後期開始到現在的藝術，或者有人說有意識反對現代主義信條的藝術就是「當代藝術」。然而從時間點來說，「當代藝術」也可以被解讀為後現代藝術，而且現今仍有許多藝術家並沒有表現出後現代主義所定義的創作特徵，「當代藝術」的定義也會隨著時間推移不斷改變，因此以具有較大包容性的「當代」一詞來統稱。

具體來說，「當代藝術」指的是那些藝術家如今還存活著的藝術品，或者指從1960年代或1970年代到現今所出現的藝術品。但有些創作生涯特別長的藝術家，以及正在流行的藝術潮流同樣會造成這個名詞使用上的困擾，因此蒐藏所謂當代藝術作品的博物館，或者美術館、雜誌將定義有所調整，甚至不願意特別將作品區別當代和非當代。

「現代藝術」、「後現代藝術」和「當代藝術」這三者在時間上有重疊交叉的地方，若不以時間軸線的概念來討論，從社會背景來探究更能區分他們的藝術特徵和形態。當代藝術藝術家著重用當代的媒介進行轉換和表達對於社會文化、環境生態、政治經濟、民主自由、種族性別歧視等當代性議題的感受，也就是用藝術語言傳遞個人觀點的作法。

當代藝術種類

當代藝術的表現形式跨越世代，當代創作素材無所不在，從生活周遭的器具、廢棄物材，或是運用聲音、影像、雷射光等科技裝置，形成平面與立體之外裝置、錄像及複合媒材等形態，不同的媒材表現形式在藝術家注入概念後形塑轉化，展現當代藝術的多元樣貌。

高度包容激發想像

當代藝術有其對空間包容性，並不刻意局限在某種空間氛圍來表現，但卻要給予適合的展演舞台，當然簡約的現代風格與當代藝術相搭絕對安全，卻少了些創意和新意，設計師仍可以依屋主喜好大膽嘗試，將當代藝術與不同風格空間融合，碰撞出意想不到的空間驚喜。

整合創意注入趣味

當代藝術多元樣貌能為空間帶來趣味性，平面繪畫仍可以依循一般畫作的擺放原則，以主要畫作為視覺中心，重新調整傢具、傢飾位置以突顯畫作為主要目的，立體雕塑則適合擺放於轉角、廊道作為端景，或者根據當代藝術的創意配合空間擺設，表現藝術與空間的衝突感。以下幾位當代藝術家及其作品，是身為豪宅設計師一定要認識與瞭解，才能引領豪宅主人彰顯其個性。

異想共存的圓點女王／草間彌生

提到當代前衛的女性藝術家，誰能不想到草間彌生（Kusama Yayoi），她年約10歲時被診斷罹患神經性視聽障礙，導致幻覺纏身，與其説這樣的疾病困擾她，不如説藝術減緩她的苦痛與絕望的同時，更是創作的養份。視覺上揮之不去的小圓點，成為不同形式藝術表現在作品上，也成為令人印象深刻的作品特色。草間彌生1957年移居美國紐約市，並開始展進行前衛藝術創作，1965年，在紐約展出《無限鏡屋－陽具原野》（Infinity Mirror Room - Phalli's Field）使她受到藝術界的注意。

草間彌生的創作表現相當多元，被評論家歸類到不同的藝術派別，包含了女性主義、極簡主義、超現實主義、原生藝術（Art Brut）和抽象表現主義等。她對自己的描述僅是一位「精神病藝術家」（obsessive artist）。從草間彌生作品中可以看到她的自戀，企圖呈現一種反應自身經歷，自傳式的、深入心理層面、性取向的內容；草間所用的創作手法包含了繪畫、軟雕塑、行動藝術與裝置藝術等，2012年曾受邀與時尚品牌 Louis Vuitton 合作，成功創造當代藝術與國際時尚品牌跨領域合作的話題。

草間彌生（Kusama Yayoi），《南瓜》，壓克力油畫，2003年，15.8 x 22.9 cm。圖片來源__佳士得

英國當代藝術教父／大衛・霍克尼

英國藝術家大衛・霍克尼（David Hockney）的作品《水花》在2020年以超越前拍賣逾八倍的成交價成交，足以證明他非凡的藝術身價。大衛・霍克尼年僅11歲時就立定志願要當藝術家，爾後在繪畫、攝影、設計等領域都有相當傑出的成就，他對於上個世紀的當代藝術發展，有著非常大的影響力，也是英國史上第二位被英國女王頒發功績勳章的藝術家，不但在自己國家被譽為「最著名的英國在世畫家」，也被媒體公認為是「全世界最受歡迎的在世畫家」。

為了讓畫作的畫面更加緊湊，大衛・霍克尼偏好使用多種對比強烈的色彩，因此畫風綺麗亮眼，具有極高的辨識度，廣受大眾和藏家喜愛。大衛・霍克尼近年在拍賣會屢創佳績的作品都和他生涯中鍾愛的主題「水」有關，而這些以游泳池為主題的畫作是他具代表性的作品系列之一，反應出他對洛杉磯陽光、建築，湛藍泳池及曼妙曲線的迷戀。大衛・霍克尼使用的媒材廣泛，一直對先進的科技保持開放心態，常使用錄像、iPhone、iPad等時代設備創作，但他卻始終相信創作皆須根源於繪畫，保持熱情、智慧與幽默感，大衛・霍克尼一生持續追尋繪畫意義，讓霍克尼成為被藝術圈長期關注的藝術家之一。

大衛・霍克尼（David Hockny），《泳池與兩人》，壓克力油畫，1972年，213.5 x 305 cm。圖片來源__佳士得

tsDot.com – David Hockney

東方馬諦斯／常玉

喜愛東西方融合畫風的人，常玉的作品是必須被提出推薦的。出生於富商家庭的常玉，從小就開始拜師學習傳統水墨畫並展露繪畫天分，1920年轉赴法國留學成為中國最早留法學生之一，藝術家性格的常玉旅居巴黎之後，隨即融入歐洲極富藝術氣息的生活方式，同時也間接影響到他的畫風；30歲之後生活窮困，65歲那年因瓦斯中毒意外客死異鄉。常玉以西方筆觸描繪帶有東方意境畫風，常被稱為「東方馬諦斯」。過世30年後畫作一舉進入國際拍賣市場，在蒐藏圈締造相當高的詢問度。

旅居巴黎後常玉成為巴黎畫派的活躍人物，他作品可以反映出對傳統與現代，東方和西方藝術傳統之間融合的追求。常玉擅長將難以表現的肢體動作簡化精煉，畫筆下的粗黑線條精準的勾勒出裸女風情萬種的姿態；所畫的瓶花畫作枯枝發散插在不成比例的花瓶中，雅緻卻流露孤單淒涼，而從他畫作中的運筆，在西方油墨中看到到東方水墨的底蘊，感受到他雖然身處西方卻胸懷中國的心思。

常玉，《瓶菊》，油彩 纖維板，91.6 x 125 cm，1950年代作。圖片來源__佳士得

揉合東西美學的抽象大師／趙無極

趙無極出生於北京書香世家，小時候受到西畫的啟發，便開始踏上繪畫之路，在學期間崇拜塞尚、馬諦斯、畢卡索的作品，西方現代主義、印象派及表現主義作品一直影響著他的創作。趙無極於 1948 年定居巴黎後，一度改為研習西方抽象主義，在他 1970 年初對中國藝術傳統有所體悟，回歸本心創作呈現經典與當代兼容並蓄、中西合璧的作品。趙無極與建築大師貝聿銘於巴黎結識並成為畢生摯友，兩人相近的文化背景與藝術才華促成多次合作，為彼此的藝術生涯增添光輝。

趙無極畫作迷人之處在於，他將中國傳統書畫筆法與西方的抽象繪法融合，以油畫表現寫意畫風，用稀薄的油彩潑墨再以乾澀的筆法渲染。趙無極經常引用傳統中國水墨畫作裡面的意象及詩歌 ，他認為無論是以畫筆在布上揮毫，還是用手在紙上寫字，兩種藝術表現形式的本質是一致的，都是流露生命寫意的氣息，尤其詩裡字裡行間遊逸一種自由的感覺，那也正是趙無極畫作給人的意境。

趙無極，«27.3.70»，油畫，132 x 197 cm，1970 年。圖片來源__佳士得

雕塑時代的藝術修行者／朱銘

朱銘是台灣雕刻藝術家中國際評價最高，也是最具代表的人物，更是當代著名的雕塑大師。朱銘學習雕刻藝術的過程相當傳奇，他並非像一般藝術家從小就有學習創作的環境，清寒家境迫使他很早離開學業協助家計。15歲時，在父親作主下跟隨雕刻師李金川學習雕刻及繪畫手藝修復廟宇，開啟雕刻生涯。30歲的朱銘已經成為雕刻師傅，為了想成為一名真正的藝術家，再次拜楊英風為師學習雕塑，自此朱銘從工藝雕刻正式踏入藝術創作領域，進入人生的轉捩點。

1980年朱銘隻身赴美創作，此時至90年代為朱銘發展其藝術創作的重要時期，知名的「人間系列」與「太極系列」就是在這個時期誕生。其中「太極系列」的初刻是從招式簡化而來，但慢慢地，朱銘作品不再隨「形」走，開始隨「意」走，逐步深化它的語彙及精神體悟。「人間系列」則反映了朱銘對世俗人間形色人物參透的呈現，順著內心的體悟、追求新境界的呼喚，創作媒材上不僅止於木材，包括陶土、海綿、青銅、不銹鋼等等，題材上含括了市井小民的眾生百態，三姑六婆、摩登女郎、運動員、出家僧眾等對象，都是他信手拈來靈感創意的來源。

朱銘，《單鞭下式》，銅雕，46.5×72.5×44.9cm。圖片來源__佳士得

豪宅學 -V.3 藝術陳設學 張清平著 . -- 初版 . --
臺北市：麥浩斯出版：家庭傳媒城邦分公司發行，
2020.06
冊； 公分 . --
ISBN ISBN 978-986-408-580-4 （全套：精裝）

1. 房屋建築 2. 空間設計 3. 室內設計
441.5 109000726

Designer 39

豪宅學 / V.3 藝術陳設學

作者 張清平
監製 林曼玲
特助 李鼎慧
藝術顧問 王玉齡
協力製作 天坊室內計劃有限公司
協力編輯 胡明杰、潘瑞琦、唐至俐、廖賀嬪、杜素媚、葉俊二、謝佳妏、張家榆、唐嘉男

企劃編輯 張麗寶
文字編輯 陳佳歆
封面設計 白淑貞
美術設計 詹淑娟
鄭若誼
版權專員 吳怡萱
行銷企劃 李翊綾
張瑋秦

發行人 何飛鵬
總經理 李淑霞
社長 林孟葦
總編輯 張麗寶
副總編輯 楊宜倩
叢書主編 許嘉芬

出版 城邦文化事業股份有限公司麥浩斯出版
地址 104 台北市中山區民生東路二段 141 號 8 樓
電話 02-2500-7578
Email cs@myhomelife.com.tw
發行 英屬蓋曼群島商家庭傳媒股份有限公司城邦分公司
地址 104 台北市中山區民生東路二段 141 號 2 樓
讀者服務專線 0800-020-2999（週一至週五上午 09:30 ～ 12:00；下午 13:30 ～ 17:00）
讀者服務傳真 02-2517-0999 讀者服務信箱 cs@cite.com.tw
劃撥帳號 1983-3516
劃撥戶名 英屬蓋曼群島商家庭傳媒股份有限公司城邦分公司
香港發行 城邦（香港）出版集團有限公司
地址 香港灣仔駱克道 193 號東超商業中心 1 樓
電話 852-2508-6231
傳真 852-2578-9337
新馬發行 城邦（新馬）出版集團 Cite（M）Sdn. Bhd. （458372 U）
地址 41, Jalan Radin Anum, Bandar Baru Sri Petaling, 57000 Kuala Lumpur, Malay-sia.
電話 603-9056-3833
傳真 603-9057-6622
總經銷 聯合發行股份有限公司
電話 02-2917-8022
傳真 02-2915-6275
製版印刷 凱林彩印事業股份有限公司
版次 2020 年 6 月初版一刷
定價 新台幣 2800 元

Printed in Taiwan
著作權所有 · 翻印必究（ 缺頁或破損請寄回更換）